U0255631

# 优质食味米
# 生产理论与技术

Theory and Practice for Good Palatable Rice Production

崔 晶 〔日〕松江勇次 〔日〕楠谷彰人 著

中国农业出版社
北 京

# 前 言

中国有句成语："民以食为天"。从古至今，人类因生活而奋斗、为吃饭而辛劳。当今中国随着社会进步和经济发展，饮食饱腹已得到解决，一味追求数量和营养已经成为历史，人们对主食稻米的需求由过去的"数量型"向"品质·食味型"转变。从水稻研究来看，长期以来中国因人多地少粮食短缺，一直把提高产量放在首位，而进入新时代适应新要求，注重水稻品质·食味研究已经势在必行。

近年来，中国国内不断有食味研究的论文发表，但很少有涉及食味感官试验的，关于食味研究的学术著作更是至今未见。笔者于1996年赴日留学与松江勇次和楠谷彰人成为师生并合作，共同致力于水稻品质·食味研究，22年不忘初心孜孜不倦，合作汗水终于结出丰硕成果，作为水稻品质·食味研究者，我们深感有责任和义务尽快把合作研究成果和知识整理，奉献给社会，特别是水稻研究工作者、生产者和广大消费者，为此，我们编写了《优质食味米生产理论与技术》一书。本书以粳稻为对象，集多年的研究成果，并跟进国际水稻品质·食味研究前沿，借鉴日本水稻品质·食味研究成果，企望对读者有所参考和帮助。

本书内容共分十章：第一章稻的分类、米的构造及营养成分，详细解析米粒构造，介绍各部位成分分布，以日本产越光精米为例，讲解精米成分含有率，为食味育种、优质稻米生产及加工提供参考，也为消费者认识稻米和科学用米普及相关知识。第二章食味及优质食味米，提出和明确水稻食味概念、构成要素和影响因素等，以及如何界定优质食味米。第三章食味评价，详细介绍水稻品种食味的科学评价方法和食味与理化成分的关系，以及在分子水平上的食味判断，对于深入开展优质食味米研发和生产提供科学依据。第四章基于食味的水稻理想株型，从茎、叶、穗、粒不同角度详细解析其与食味的关系，提出基于食味角度的理想株型，为食味育种和优质食味米生产提供作物形态学依据。第五章自然环境与食味，解析气候、气象灾害、土壤因素及不同产地水稻食味变化。第六章生产环境与食味，结合最新研究成果详细阐述从育苗、土壤营造、施肥、水分管理和收获储藏的全过程对食味的影响，提出优质食味米生产技术体系，提出和强调优质食味米生产应该遵循的“五个原则”，为科学开展优质食味米栽培生产提供实用理论依据和实践方法。第七章栽培法与食味，以优质食味米生产技术体系和“五个原则”为依据，详细阐述从插秧时期、施肥方法、直播栽培、有机栽培和科学管水等方面提高水稻食味的关键技术，为优质食味米栽培生产提供适用技术。第八章收获后管理与食味，作为优质食味米生产的最后一环，着重介绍基于水稻品质·食味要求的收获时期确定、干燥和储藏原理、方法，特别强调确保收获后水分不减少、不下降的重要性，同时详细阐述优质食味米进入家庭后如何蒸煮优质食味米饭的原理和方法，对生产、流通和消费具有重要实际作用和指导意义。第九章优质食味品种选育方法，从中国水稻品种食味及其理化特性研究结果，提出中国水稻食味育种战略；并结合中国优质食味品种（品系）选育的实际案例，阐述基于理化特性和食味感官评价的杂交后代食味高效选拔体系和方法，为加快优质食味品种选育及其栽培区域的选择提供科学依据。第十章中国优质食味米研究与生产发展展望，阐述中国社会进入新时代消费者对吃好米的迫切需求和提高主食稻米品质的重要性，提出为加快水稻食味研究创造更加有利条件的必要性，特别强调食味研究作为水稻研究新领域和新方向，要加快培养一批掌握食味知识的优秀科技人才；根据水稻食味科学原理，从资源收集与评价、食味育种、生产技术研发等不同角度开展食味研究是今后大趋势，提出以食味研究为引领、走“产—学（研）—加—销”联合之路，实现消费者吃好、生产者致富，同时选育既高产又具有优质食味的品种才是未来水稻产业可持续发展的必然方向。

目前，中国水稻品质·食味系统研究才刚刚起步，指导作用还不够，相关研究成果推出和优质食味米科技成果转化以及优质食味米市场化亟待加强。本书是近年来中日两国专家合作，根据大量的试验研究并配以图表数据系统阐述优质食味米生产理论和技术问题，具有较强的科学性和实用性，可供科学技术人员、生产一线人员、米业加工业者、农业院校师生以及农业行政管理和广大消费者学习参考。

衷心感谢在本书策划编写过程中，给予我们热情鼓励和支持的中日两国水稻界同仁，衷心感谢支持合作研究的中华人民共和国国家外国专家局和天津市政府有关部门。由于水平有限，加之时间仓促，书中难免存在不当和可商榷之处，敬请指正。

崔　晶

2018 年 6 月

# 目录

# 稻的分类、米的构造及营养成分

## 一、稻的分类

稻，拉丁学名：*Oryza sativa* L.，禾本科（Gramineae），稻属（*Oryza*）。

按生态型分为野生稻和栽培稻，又分为亚洲稻和非洲稻。亚洲稻分为粳稻和籼稻及爪哇稻。粳稻和籼稻主要特性如表 1.1 所示。

**表 1.1　粳稻和籼稻主要特性**

| | 籼稻 | 粳稻 |
|---|---|---|
| 株高 | 高 | 低 |
| 叶片 | 长而下垂 | 短而直立 |
| 耐冷性 | 弱 | 强 |
| 籽实 | 细长 | 椭圆 |
| 感官评价 | 黏性弱 | 黏性强 |
| 直链淀粉含有率 | 较多 | 较少 |
| 分布地域 | 中国长江以南、东南亚、南亚 | 中国长江以北、朝鲜、韩国、日本 |

## 二、米粒的构造

水稻栽培收获的稻米来源于颖花：发育的颖花→稻谷（图 1.1），稻谷经加工去壳→糙米（图 1.2），糙米再加工去糠→精白米或精米。

图 1.1　稻谷（崔晶　提供）

图 1.2　糙米类型（崔晶　提供）

糙米由果皮、种皮、糊粉层、胚乳（淀粉储藏细胞）和胚构成。一般来说，各部分所占的比例：果皮和种皮 5%～6%、胚 2%～3%、胚乳 91%～92%。糙米的横切面构造如图 1.3 所示，果皮由角质层、表皮、中皮、横状细胞和管状细胞构成，主要作用是调节胚和胚乳适当的水分状态，防止病原侵入，种皮紧连于果皮之下。

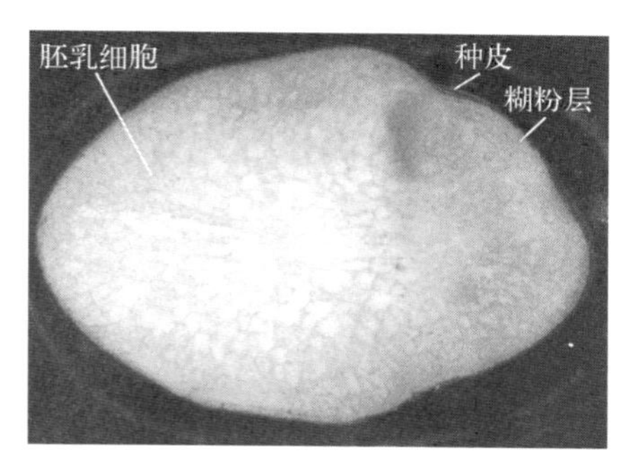


图 1.3　糙米横切面（松江勇次　提供）

糙米切面构造如图 1.4、图 1.5 所示。糊粉粒是植物细胞内储藏蛋白质的结构。无定型的蛋白质被一层膜包裹成圆球形颗粒（糊状粒），是晶体和胶体的二重性拟晶体，是稳定的、无生命的、不活跃的、可被利用的蛋白质。糊粉层淀粉积累较少，主要由被称为糊粉粒的蛋白颗粒、脂肪粒、无机成分、酶和维生素等物质构成。内乳也叫胚乳，是人类食用部分，主要储藏积累淀粉，也储藏有蛋

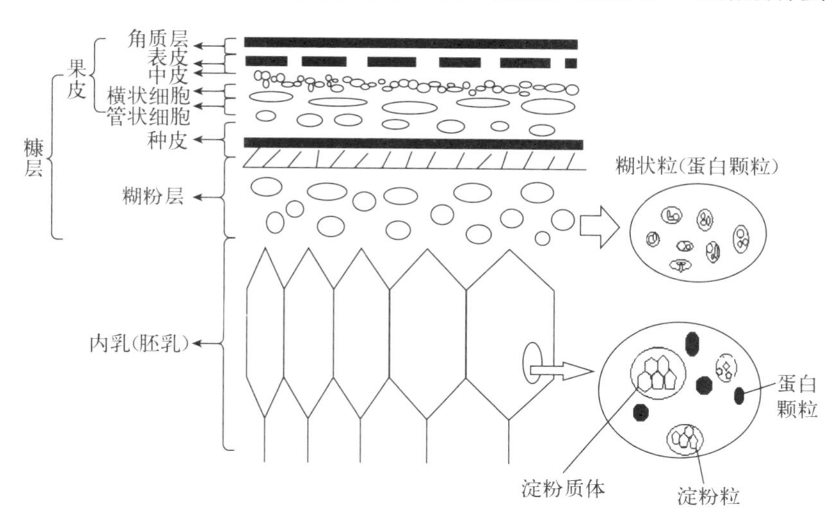


图 1.4　水稻糙米横切面示意图（崔晶　提供）

白颗粒。稻米淀粉以袋状淀粉质体形式存在，形成很多小淀粉粒（籼稻 50～80 个，粳稻 100 个）。

图 1.5　稻米淀粉电镜扫描（松江勇次　提供）

糙米除去糠层（含胚部）即精米。糠层由果皮（角质层，表皮，中皮，横状细胞，管状细胞）、种皮及最底层的糊粉层等构成。糊粉层的下面是米粒储藏淀粉的胚乳。糠层和胚乳复杂结合部存在 100～200 μm 分界层，它几乎包含与食味相关的一切重要因子，为稻米味道层，最重要且不可缺少，正规稻米加工必须保留这一极其珍贵的稻米表层。米饭蒸煮过程中通过加水加热，米粒表层微粒子溶入煮饭水中，米饭蒸煮接近完成时，溶出物质再次浓缩附着于饭粒表面，形成既有光泽又有味道的“保水膜”。过度加工，单纯地追求白度，淘米时大力搓洗等，会破坏这层“保水膜”，导致食味下降。而且，“保水膜”存在品种间差异，食味好的品种“保水膜”厚，食味不好的品种“保水膜”薄。如果磨米加工时稻糠去除不彻底，米粒表面疏松层在煮饭时会很快溶入煮饭水中形成米汤，从而阻碍煮饭近结束时溶出物出现和“保水膜”形成，导致食味变差。

## 三、稻米的营养成分

稻米的营养成分分布于米粒的各个部位，如图 1.6 所示。胚芽和糠层含有蛋白质和脂类，而作为食用部分稻米胚乳主要成分是碳水化合物、蛋白质和水分，其他物质的含有率并不高。果皮和糊粉层细胞壁厚不容易被人体消化吸收，直接食用也会降低米饭黏性，食味很差，所以在磨米时连同胚部一起作为稻糠被除掉。基于人们现代生活的饮食结构和水平，食用米饭的同时摄入副食对于补充蛋白质等并不是问题。糙米的稻糠层或糊粉层及胚乳部分其成分分布不同，即便是精白米从外侧到内侧中心部也不是均一分布，成分浓度基本都是从外侧向内侧中心部连续变化，蛋白质、脂类、无机质等外部浓度较高、内部浓度低，而碳水化合物则越往中心部浓度越大。

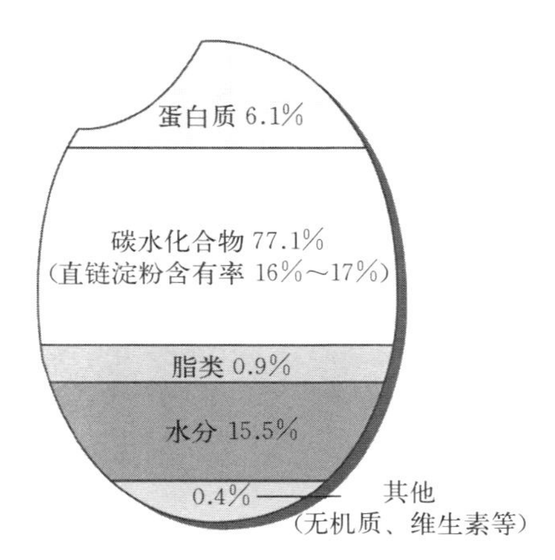

图 1.6　日本产越光精米的营养成分含有率（松江勇次　提供）

1. 水分

稻米的水分对米饭食味具有重要意义，对于储藏也很重要。试验研究表明，为确保稻米食味，水稻收获时稻谷（糙米）水分应在25%左右，经过干燥处理均匀达到标准水分，储藏期间必须保证水分恒定不降低。

2. 碳水化合物

稻米碳水化合物的主体是淀粉（直链淀粉和支链淀粉），但也含有少量的食物纤维和游离糖等。

**（1）直链淀粉**　直链淀粉是由葡萄糖以 α－1,4 糖苷键结合连接而成的直链多糖高分子化合物，如图 1.7 所示，该分子有两个末端，一个是非还原末端，一个是还原末端。稻米直链淀粉分子聚合度（相结合的葡萄糖分子数）200～1 000，分子量 $12\times10^5$。直链淀粉的空间构造卷曲呈螺旋形，每一回转为 6 个葡萄糖基。直链淀粉遇碘显蓝色呈色反应。根据直链淀粉含有率不同导致呈色浓度有差异，加之直链淀粉分子量不同，所以，不同稻米的呈色色调也是不同的。直链淀粉构造，不利于淀粉糊化，抑制淀粉粒整体的膨润。

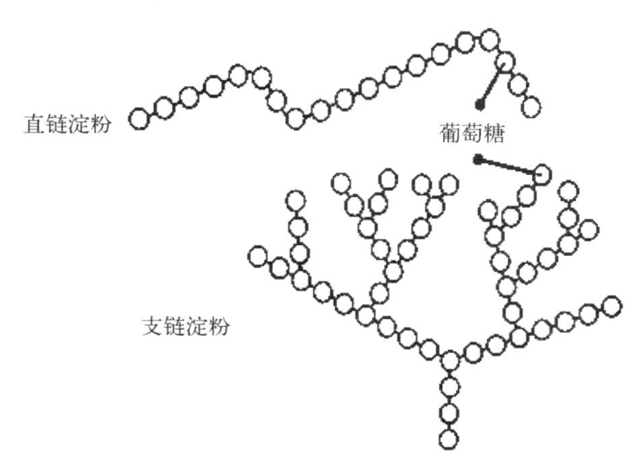


图 1.7 稻米淀粉分子模型（崔晶 提供）

**（2）支链淀粉** 支链淀粉是由 α-1,4 糖苷键结合葡萄糖链，链上再由 α-1,6 糖苷键结合成带有分支的高分子化合物。支链淀粉单位链是簇状集合，而连接簇与簇的其他链进一步连接成较大的分子，如图 1.7 所示，一般由几千个葡萄糖残基组成，约 20 个葡萄糖单位就有一个分支。支链淀粉遇碘显红褐色呈色反应。支链淀粉分子只有一个还原末端分子，侧链末端分子都是非还原性末端。支链淀粉有长链和短链之分，短链越多，短链/长链比越大，食味越好。

淀粉内部的直链淀粉和支链淀粉分子共同组成特殊构造，葡萄糖残基从中心向外侧延伸，形成内部疏密不同的淀粉粒。

直链淀粉含有率是制约稻米食味的重要因素。世界各国稻米直链淀粉含有率不同，如图 1.8 所示，从部分中国和日本稻米直链淀粉含有率比较来看，中国品种中，高直链淀粉含有率的品种较多，而日本品种中没有高直链淀粉，基本都是低直链淀粉含有率的品种。

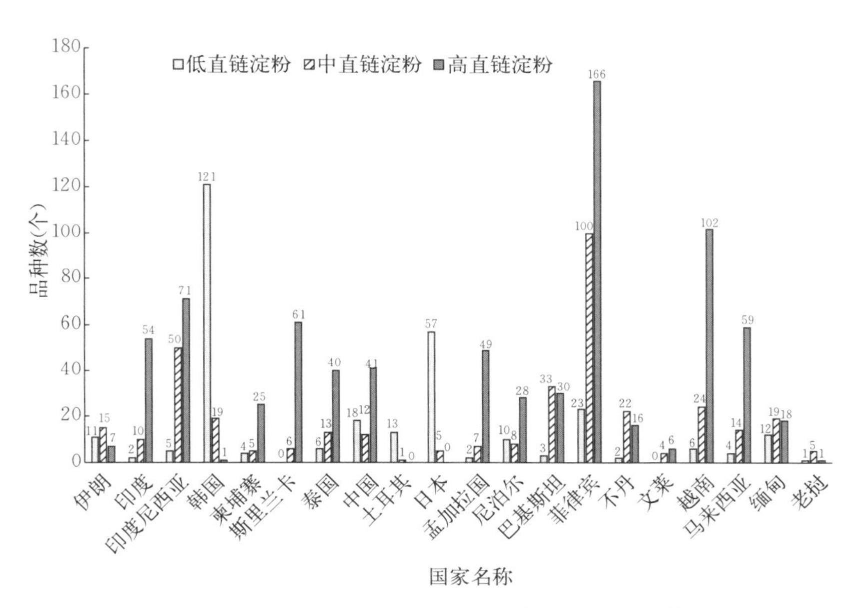


图 1.8　世界各国稻米品种直链淀粉含有率（横尾政雄等　提供）

**(3) 植物纤维和游离糖**　精白米中的碳水化合物除淀粉以外，还有构成细胞壁的纤维素、半纤维素和果胶等，被称为植物纤维。纤维素是由葡萄糖分子以 β-1,4 键结合而形成的多糖链。淀粉中的直链淀粉虽然也是葡萄糖构成的直链，但它是 α-1,4 键连接呈螺旋状构造。精白米当中还含有少量的游离糖，陈米中的游离还原糖含量多于新产大米，所以，游离还原糖含量多少也作为保证储藏大米品质的重要指标（表 1.2）。

**表 1.2　每百克精粳米中碳水化合物含量**

| 碳水化合物 | 含量 |
|---|---|
| 单糖 | 83.1 mg |
| 淀粉 | 75.4 g |
| 葡萄糖 | 0 |

（续）

| 碳水化合物 | 含量 |
| --- | --- |
| 果糖 | 0 |
| 半乳糖 | 0 |
| 蔗糖 | 0.2 mg |
| 麦芽糖 | 0 |
| 乳糖 | 0 |
| 海藻糖 | (0) |
| 植物纤维合计 | 0.5 mg |
| 水溶性植物纤维 | Tr |
| 不溶性植物纤维 | 0.5 mg |

资料来源：日本食品标准成分表2015年版第七次修订。Tr：微量。

### 3. 蛋白质

值得注意的是稻米蛋白质总体含量并不很高，但从营养角度看是非常优质的。稻米蛋白质的生物价（100 g蛋白质经消化吸收后，进入体内可以储留和利用的量）在谷类当中是最高的，如表1.3所示。从稻米中摄取蛋白质的效用也很大，蛋白质的氨基酸组成中除赖氨酸含量很少以外其均衡性是很好的（表1.4）。

**表1.3 蛋白质的生物价**（Thomas）

| 动物性蛋白质（%） | | 植物性蛋白质（%） | |
| --- | --- | --- | --- |
| 牛肉 | 100 | 稻米 | 88 |
| 牛乳 | 100 | 马铃薯 | 79 |
| 鱼肉 | 95 | 菠菜 | 64 |
| 虾肉 | 79 | 豌豆 | 56 |
| 酪蛋白 | 70 | 小麦 | 40 |
| | | 玉米 | 30 |

**表 1.4　每百克精粳米中蛋白质（氨基酸）含量**

| 蛋白质（氨基酸） | 含量 |
| --- | --- |
| 蛋白质 | 6.1 g |
| 氨基酸组成蛋白质 | 5.2 g |
| 异白氨酸 | 240 mg |
| 白氨酸 | 240 mg |
| 蓖麻蛋白 | 240 mg |
| 含硫氨基酸：蛋氨酸 | 150 mg |
| 含硫氨基酸：胱氨酸 | 140 mg |
| 含硫氨基酸合计 | 290 mg |
| 芳香族氨基酸：苯基丙氨酸 | 320 mg |
| 芳香族氨基酸：酪氨酸 | 230 mg |
| 芳香族氨基酸合计 | 560 mg |
| 苏氨酸 | 220 mg |
| 色氨酸 | 84 mg |
| 缬氨酸 | 350 mg |
| 组氨酸 | 160 mg |
| 精氨酸 | 500 mg |
| 丙氨酸 | 340 mg |
| 天门冬氨酸 | 570 mg |
| 谷氨酸 | 1.1 g |
| 甘氨酸 | 280 mg |
| 脯氨酸 | 290 mg |
| 丝氨酸 | 310 mg |
| 羟基脯氨酸 | 0 mg |

资料来源：日本食品标准成分表 2015 年版第七次修订。

一般来说稻米蛋白质含有率越高食味越差，其实作为主食，人们食用米饭获得优质蛋白质已经不是唯一的选择，因为人们日常补充的蛋白类副食，足以解决蛋白质摄入不足的问题。近红外线分析适用于蛋白质的定量分析，可以在短时间内精确处理很多分析材料。传统的凯氏定氮法定量分析氨态氮素的方法依然可用。蛋白质是氮素化合物，为简单得知蛋白质含有率，可以用测得的氮素量乘以蛋白质换算系数 5.95 而求得。谷类蛋白质根据其溶解性分为 4 种蛋白质：①谷蛋白。几乎不溶于任何溶液但溶解于强碱的稀溶液，占 60%～65%。②醇溶谷蛋白。溶解于 70%的乙醇溶液中，占 20%～25%。③白蛋白。溶解于纯水。④球蛋白。溶解于盐类溶液不溶于水，白蛋白和球蛋白合计占 10%～15%。

在这 4 种蛋白质中，谷蛋白最好，它可以被人体吸收利用；问题最大的是醇溶谷蛋白，它不但影响食味而且食用后不被消化，会被全部排泄出去。蛋白质含有率与直链淀粉含有率一样制约稻米食味，而且世界各国稻米蛋白质含有率也是不同的，如图 1.9 所示。从部分中国和日本稻米蛋白质含有率比较来看，两国稻米蛋白质含有率的分布幅度差异似乎不大，但是两国稻米的平均值差异较大，说明日本稻米实际蛋白质含有率（平均值 7.2%）远低于中国稻米蛋白质含有率（平均值 8.3%）。

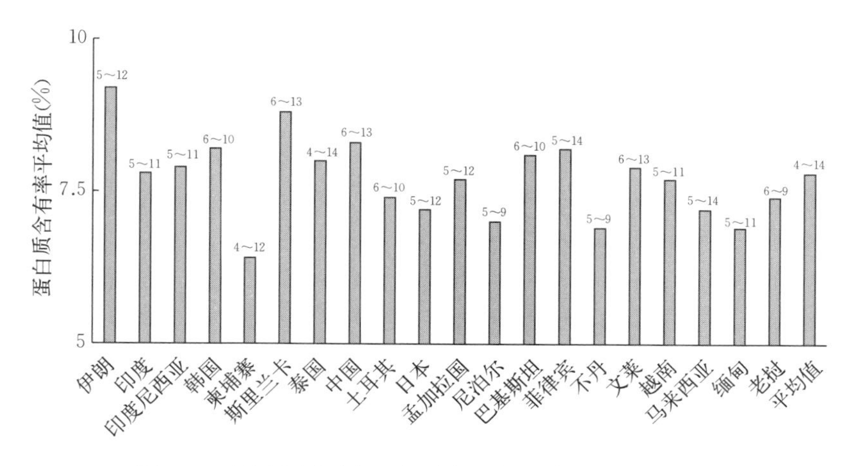


图 1.9 世界各国稻米蛋白质含有率（横尾政雄 提供）

注：图上数值为蛋白质含有率幅度。

## 4. 脂类

脂类是脂肪酸和甘油的化合物。稻米的脂类大部分存在于稻糠层，精白米即稻米胚乳中含量较少（表1.5）。胚乳中的脂类和蛋白质及无机物等一样，外层多而中心部少。稻谷、糙米和精米，在常温下储藏会因脂类酸败产生陈米难闻的气味。白米与糙米相比，脂肪酸度迅速增加耐储性更差。

**表1.5 每百克精粳米中脂类含量**（g）

| 脂类 | 含量 |
| --- | --- |
| 脂肪 | 0.90 |
| 三酰甘油酯 | 0.80 |
| 脂肪酸合计 | 0.81 |
| 饱和脂肪酸 | 0.29 |
| 单不饱和脂肪酸 | 0.21 |
| 多不饱和脂肪酸 | 0.31 |
| *n*－3系多不饱和脂肪酸 | 0.01 |
| *n*－6系多不饱和脂肪酸 | 0.30 |
| 胆固醇 | 0 |

资料来源：日本食品标准成分表2015年版第七次修订。

## 5. 无机质和维生素

稻米中的无机质主要存在于稻糠和胚芽中，而精白米中非常少（表1.6）。

关于维生素，铃木梅太郎博士于1910年在米糠中提取发现了维生素 $B_1$，而水稻维生素主要存在于稻糠或者说糙米中，精米中几乎没有。

**表1.6 每百克精粳米中无机质含量**（mg）

| 无机质 | 含量 |
| --- | --- |
| 钠（Na） | 1 |
| 钾（K） | 89 |
| 钙（Ca） | 5 |

（续）

| 无机质 | 含量 |
| --- | --- |
| 镁（Mg） | 23 |
| 磷（P） | 95 |
| 铁（Fe） | 0.8 |
| 锌（Zn） | 1.4 |
| 铜（Cu） | 0.22 |
| 锰（Mn） | 0.81 |
| 碘（I） | 0 |
| 硒（Se） | 0.002 |
| 铬（Cr） | 0 |
| 钼（Mo） | 0.069 |

资料来源：日本食品标准成分表 2015 年版第七次修订。

**表 1.7　每百克精粳米中维生素含量**（mg）

| 维生素 | 含量 |
| --- | --- |
| 维生素 A | |
| 视黄醇 | 0 |
| α-胡萝卜素 | 0 |
| β-胡萝卜素 | 0 |
| β-隐黄质 | 0 |
| β-胡萝卜素 | 0 |
| 视黄醇可利用量 | 0 |
| 维生素 D | 0 |
| 维生素 E | |
| α-生育酚 | 0.1 |
| β-生育酚 | Tr |
| γ-生育酚 | 0 |
| δ-生育酚 | 0 |

（续）

| 维生素 | 含量 |
| --- | --- |
| 维生素 K | 0 |
| 维生素 $B_1$ | 0.08 |
| 维生素 $B_2$ | 0.02 |
| 维生素 $B_3$ | 1.2 |
| 维生素 $B_6$ | 0.12 |
| 维生素 $B_{12}$ | 0 |
| 维生素 $B_9$ | 0.012 |
| 维生素 $B_5$ | 0.66 |
| 生物素 | 0.001 4 |
| 维生素 C | 0 |

资料来源：日本食品标准成分表 2015 年版第七次修订。Tr：微量。

综上所述，稻米营养成分中淀粉占绝大部分，其次是蛋白质，而对于食用稻米来说无论是其重要的外观品质，还是作为其核心特性的食味都离不开这两大成分，当然，世界各地水稻的两大成分也是不同的。

# 第二章 水稻的食味及优质食味米

## 一、什么是食味

水稻食味亦称为稻米食味或米饭食味，是指人在食用米饭时通过五官（视觉、嗅觉、味觉、触觉和听觉）对米饭特性的评价。水稻食味概念源于日本。米饭食味的嗜好性，与各国和不同地区的饮食文化差异有关，以及所栽培的籼稻类型（长粒米）、粳稻类型（中长粒米和短粒米）等亚种的差异而各不相同。一般来说，栽培籼稻类型地区人们倾向于喜欢吃没有黏性的米饭，而栽培粳稻类型地区人们喜欢吃有一定黏性的米饭。表 2.1 所示，世界水稻按照与米饭硬度和黏性关系密切的直链淀粉含有率来划分，则食味的嗜好性因国家和地区不同而存在很大差异。关于食味的嗜好性大致可分为：喜欢吃米饭软而且黏性大的国家和地区、喜欢吃米饭软但不太黏的国家和地区，以及喜欢吃米饭硬黏性较小的国家和地区三种类型。从喜欢吃直链淀粉含有率中等水平稻米的国家和地区较多这一点来说，世界上多数人属于喜欢吃米饭软又不过于黏的米饭。

在中国，水稻食味概念虽然尚未完全确立，但是就总体而言，研究者或消费者对优质食味米或食味稻米所具备的特点已经形成了一定共识，即：米饭洁白光亮，感觉饭粒发甜、光滑、有黏性和弹力，气味好闻，稍微硬一点儿的米饭。具备以上特性的稻米备受消费者喜爱。随着广大消费者对优质食味米品种和品牌米的喜好性不断提高，稻米产地间竞争愈发激烈。因此，现在水稻食味正在成为水稻品种特性中极为重要的性状。

**表 2.1　稻米生产国基于直链淀粉含有率食味嗜好性研究结果**

（Juliano and Villareal，1996）

| 稻米生产地区 | 糯 | 低 | 中 | 高 |
|---|---|---|---|---|
| 亚洲 | 老挝<br>泰国（北部） | 中国（粳稻）<br>日本<br>韩国<br>尼泊尔<br>泰国（东北部） | 柬埔寨<br>中国（粳稻）<br>印度（巴斯马蒂）<br>印度尼西亚<br>马来西亚<br>巴基斯坦（巴斯马蒂）<br>菲律宾<br>泰国（中部）<br>越南 | 孟加拉<br>中国（籼稻）<br>印度<br>巴基斯坦（国际稻 IR6）<br>菲律宾<br>泰国（北部，中部，南部） |
| 亚洲以外 | | 阿根廷<br>澳大利亚<br>古巴<br>马达加斯加（西南部）<br>俄罗斯<br>西班牙<br>美国（短粒，中粒） | 巴西（陆稻）<br>古巴<br>意大利<br>科特迪瓦<br>利比里亚<br>马达加斯加<br>美国（长粒） | 巴西（水稻）<br>哥伦比亚<br>几内亚<br>墨西哥<br>秘鲁 |

注：糯米直链淀粉含有率接近于0。

## 二、食味的构成要素

稻米是含有多种化学成分的植物组织。米饭的味道很清淡，但是它具备光泽、黏性、硬度、气味和味道，米饭有口感好坏之分。水稻食味受米饭黏性和硬度这些物理性质和气味、味道、滋味等化学成分所影响。

1. 黏性

黏性与构成淀粉的直链淀粉和支链淀粉两种成分含量有关。其中，直链淀粉含有率越高，米饭黏性越弱，食味越差。直链淀粉含有率主要受该品种固有遗传特性和成熟温度*的影响。从栽培角度来看，黏性也与蛋白质含量有关。具体表现在蛋白质含有率增加，米饭黏性减弱，最终米饭食味变差。

2. 硬度

硬度与蛋白质含量有关。蛋白质含有率高的稻米，其吸水性降低，从而妨碍淀粉粒之间的黏着性，米饭硬而且黏性弱，食味变差。蛋白质含有率主要受氮素施肥量和施肥时期影响。氮素施肥量多和攻粒肥的施用时期晚则导致蛋白质含有率增加。另外，不同品种米饭硬度也受直链淀粉含量影响，直链淀粉含有率高的品种米饭硬度增加。

3. 滋味

关于滋味，主要与游离氨基酸含量有关，特别是谷氨酸、天门冬氨酸和丙氨酸含量越多稻米米饭滋味越好。

4. 甜味

煮饭时溶解出的淀粉总量越多，米饭越甜（Wada et al，2011）。

5. 气味（饭香）

在米粒外层存在很多挥发性化学成分，它对米饭饭香具有重要作用。

## 三、食味与成分

米粒中含有碳水化合物、蛋白质、脂类、灰分、无机质和维生素等，其中，作为与食味相关的成分有碳水化合物、蛋白质、脂类和无机质等。碳水化合物主要是指淀粉，它由直链淀粉和支链淀粉组成，直链淀粉含量与米饭黏性和硬度关系很大。蛋白质含量与味

---

* 成熟温度即出穗到成熟时的昼夜平均温度。

道、黏性及硬度有关，随着蛋白质含有率升高则米饭味道变差、黏性减弱、硬度增加。脂类含量与稻米储藏性优劣关系密切，在收获后储藏期间食味水平降低程度小的品种，游离脂肪酸生成量少，反之，游离脂肪酸生成量多。

## 四、决定食味的主要因素

表 2.2 所示，影响食味的因素在不同阶段是不同的，在稻米生产阶段最主要的因素是品种。具体来讲，收获时期之前最主要的是品种、产地、气象条件和栽培技术，收获后最主要的是干燥、去壳糙米粒选、储藏和煮饭方法（竹生新治郎，1987）。

**表 2.2　影响稻米食味的因素**（竹生新治郎，1987）

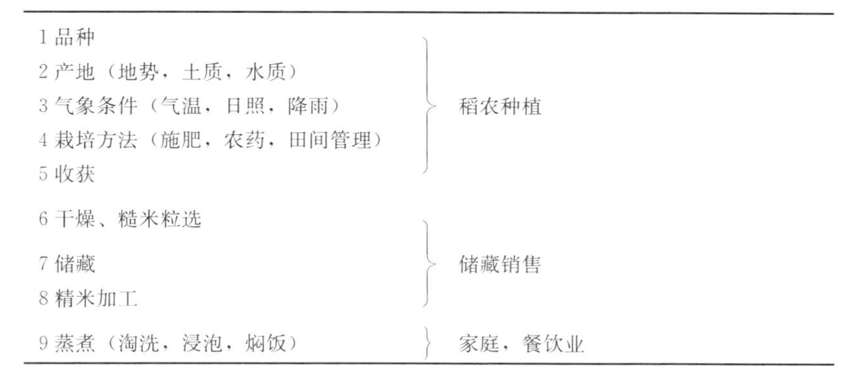

| 因素 | 阶段 |
| --- | --- |
| 1 品种<br>2 产地（地势，土质，水质）<br>3 气象条件（气温，日照，降雨）<br>4 栽培方法（施肥，农药，田间管理）<br>5 收获 | 稻农种植 |
| 6 干燥、糙米粒选<br>7 储藏<br>8 精米加工 | 储藏销售 |
| 9 蒸煮（淘洗，浸泡，焖饭） | 家庭，餐饮业 |

### 1. 品种

因品种不同导致食味差异的原因在很大程度上取决于品种的系谱。从日本优质食味品种的系谱来看，大致可分为旭系、越光系和佐佐锦系三类。就食味而言，品种适应性存在品种间差异，既有适应地域广的品种，也有适应地域小的品种。即同一品种在不同地域，其食味表现往往是不同的。

### 2. 产地、气象条件

产地因素主要指其生产地域的气象条件、土壤条件等。气象因素主要是指成熟期间的昼夜温差和日照量。气象条件影响成熟度良否的原因，在于淀粉和蛋白质等储藏物质的积累程度不同。

### 3. 栽培方法

施肥因素主要是指氮素，氮素施用量多且攻粒肥晚施，会增加籽粒中蛋白质含有率导致食味变差。水分管理中晒田不充分，成熟期间一直处于淹水状态或田间过早断水，都会造成籽粒增大不足，千粒重减小，造成蛋白质含有率增加致使食味变差。收获时期是否适宜，对食味也有很大影响，晚收割和早收割都会导致食味下降。

### 4. 干燥

干燥温度和干燥速度很重要，对稻谷剧烈地加热干燥处理，必然造成食味变劣。水分在13.5%以下的过干糙米，胚乳细胞壁遭到破坏，煮饭时饭粒破裂、黏性减弱、明显变软，咀嚼时米饭没有弹性感觉，饭粒黏糊糊的，食味明显变差。从食味角度要求糙米含水率保持在14%～15%为宜。

### 5. 储藏

稻米在食用以前大部分时间是以稻谷（糙米）的形式储藏，储藏期间温度和湿度管理特别重要。如果储藏库内高温多湿，则米粒呼吸量增大造成内部储藏物质消耗发生变化而导致食味变劣，仓储条件以10～15℃和相对湿度70%的低温恒温储藏最好。

### 6. 煮饭

以使用自动电饭锅为前提，洗淘米次数、米浸泡时间以及加水量多少都决定食味的优劣。

## 五、什么是优质食味米

如前所述，优质食味米是指能够做出白色有光泽、感觉饭粒发甜有滋味，而且表面光滑有黏性和弹性米饭的稻米。对于优质食味米来说，考虑到嗜好性差异，在感官评价判断优质食味米时必须注意评价员的嗜好性。食味嗜好性因地域不同而有差异(图2.1)，中国人和日本人嗜好性虽然趋势一致但也有一定差异。

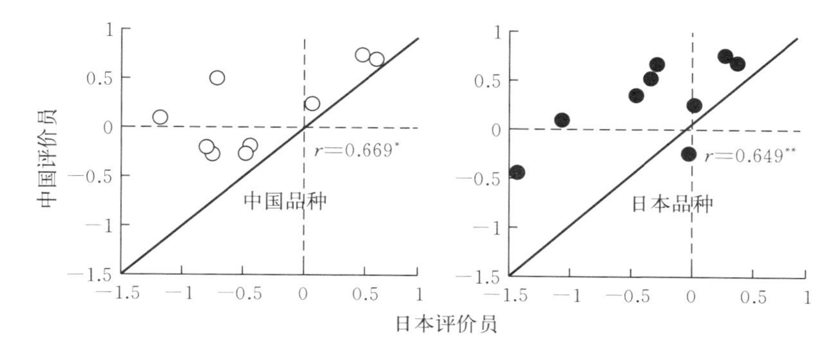


图 2.1　中日两国评价员综合评价的关系（崔晶等，2011；张欣等，2015）

注：* 表示 0.05 水平差异显著，** 表示 0.1 水平差异显著（$P \leqslant 0.1$）。

中日两国评价员对于粳稻品种食味的感官评价结果基本一致，中国评价员评价食味好的品种，日本评价员也给予了好的评价（图 2.1）。但是，从不同品种来看，评价结果有不一致的情况，比如对于中国产品种 DB14 和津原 D1 以及日本产品种日本晴（Niponbare）和西誉（Nishihomare），两国评价员之间评价结果存在较大差异，原因是两国评价员对米饭硬度的嗜好性存在差异。对于米饭硬度来说，日本评价员表现出喜欢稍软的米饭，而中国评价员表现出更喜欢稍硬米饭的嗜好性（表 2.3）。

**表 2.3　食味感官评价具体项目对于综合评价的标准偏回归系数**

（崔晶等，2011）

| 评价员 | 复相关系数 | 外观 | 味道 | 黏度 | 硬度 |
|---|---|---|---|---|---|
| 日本 | $r^2=0.958$ | 0.277 | 0.368 | 0.099 | −0.319 |
| 中国 | $r^2=0.944$ | 0.323 | 0.151 | 0.528 | 0.623 |

注：$df=4$，$n=9$。

关于米饭的饭香气味，中国很多品种的米饭有一种独特气味，其与日本品种具有新米的清香气味不同，这也说明部分中国消费者有追求米饭浓香气味的意向。值得说明的是重视这种米饭浓厚香味，是除日本以外多数亚洲国家消费者特有的嗜好性。

中日两国评价员之间，各自对某些品种食味评价项目的差别，意味着在中国有必要也有可能选育出与日本品种不同的优质食味品种类型。另外，作为优质食味米相应的理化特性值，应该是糙米含水量率在 14.0%～15.0%，整粒率（完全粒率）在 75%以上，糙米平均厚度在同一品种情况下越厚越好，蛋白质含有率在 7.0%以下，直链淀粉含有率在 16.0%～19.0%，淀粉糊化特性的最高黏度和崩解值分别在 300B. U. 和 150B. U. 以上。

# 食味评价

在食味评价中，最确切的方法就是人对米饭品尝后基于统计学分析的感官评价法以及基于对稻米和米饭化学物理特性仪器分析的理化特性评价法。

## 一、食味感官评价试验

### （一）中国评价方式

参照《稻米、大米蒸煮食用品质感官评价方法 GB/T 15682—2008》（1995 年制定，2008 年修订）（表 3.1），包括对照样品在内每次采用 4 份米饭样品，每份材料米饭量为 50 g，放在贴有 4 种颜色标记的盘子内。经过培训练习的评价员 18～24 人，分别从气味 30 分、外观结构 20 分、适口性 20 分、滋味 25 分、冷饭质地 5 分共 6 个项目，合计 100 分，分别与对照样品进行比较判定。但是，这种 100 分制的评价方法（表 3.1）由于各评价项目分数内涵的打分方法比较繁杂，感官评价需要大量时间和心力，也不容易把握。

**表 3.1　米饭感官评价评分规则和记录表**

品评组编号：　姓名：　性别：　年龄：　出生地：　品评时间：　年　月　日　午　时　分

| 一级指标分值 | 二级指标分值 | 具体特性描述：分值 | 样品得分 | | |
|---|---|---|---|---|---|
| | | | No. 1 | No. 2 | No. 3 |
| 气味 20 分 | 纯正性、浓郁性 20 分 | 具有米饭特有的香气，香气浓郁：18～20 分 | | | |
| | | 具有米饭特有的香气，米饭清香：15～17 分 | | | |
| | | 具有米饭特有的香气，香气不明显：12～14 分 | | | |
| | | 米饭无香味，但无异味：7～12 分 | | | |
| | | 米饭有异味：0～6 分 | | | |

（续）

| 一级指标分值 | 二级指标分值 | 具体特性描述：分值 | 样品得分 | | |
|---|---|---|---|---|---|
| | | | No. 1 | No. 2 | No. 3 |
| 外观结构 20分 | 颜色 7分 | 米饭颜色洁白：6～7分 | | | |
| | | 颜色正常：4～5分 | | | |
| | | 米饭发黄或发灰：0～3分 | | | |
| | 光泽 8分 | 有明显光泽：7～8分 | | | |
| | | 稍有光泽：5～6分 | | | |
| | | 无光泽：0～4分 | | | |
| | 饭粒完整性 5分 | 米饭结构紧密，饭粒完整性好：4～5分 | | | |
| | | 米饭大部分结构紧密完整：3分 | | | |
| | | 米饭粒出现爆花：0～2分 | | | |
| 适口性 30分 | 黏性 10分 | 滑爽，有黏性，不粘牙：8～10分 | | | |
| | | 有黏性，基本不粘牙：6～7分 | | | |
| | | 有黏性，粘牙；或无黏性：0～5分 | | | |
| | 弹性 10分 | 米饭有嚼劲：8～10分 | | | |
| | | 米饭稍有嚼劲：6～7分 | | | |
| | | 米饭疏松，发硬，感觉有渣：0～5分 | | | |
| | 软硬度 10分 | 软硬适中：8～10分 | | | |
| | | 感觉略硬或略软：6～7分 | | | |
| | | 感觉很硬或很软：0～5分 | | | |
| 滋味 25分 | 纯正性、持久性 25分 | 咀嚼时，有较浓郁的清香和甜味：22～25分 | | | |
| | | 咀嚼时，有淡淡的清香滋味和甜味：18～21分 | | | |
| | | 咀嚼时，无清香滋味和甜味，但无异味：16～17分 | | | |
| | | 咀嚼时，无清香滋味和甜味，有异味：0～15分 | | | |
| 冷饭质地 5分 | 成团性、黏弹性、硬度 5分 | 较松散，黏弹性较好，硬度适中：4～5分 | | | |
| | | 结团，黏弹性稍差，稍变硬：2～3分 | | | |
| | | 板结，黏弹性差，偏硬：0～1分 | | | |
| 综合评分 | | | | | |
| 备注 | | | | | |

### （二）日本评价方式

日本评价方式是以日本粮食厅食味试验实施要领（1968 年制定）的方法为标准。这种方式包括对照米饭样品在内每次评价 4 份样品（图 3.1），米饭各取 50 克，放在 4 种颜色标记的白色餐盘内（直径 25 cm）进行品尝，感官评价。

图 3.1　感官评价 4 份法（松江勇次，2012）

注：红色是对照。

评价员的选择要求具有一定年龄和性别差别的 24 人，从米饭外观、气味、味道、黏度、硬度和综合评价共 6 个项目分别与对照米样品米饭进行比较判断。外观以是否有光泽和饭粒是否整齐判断；味道是米饭的滋味，根据吞咽时是否感觉顺畅光滑、咀嚼时感觉微微发甜进行判断；米饭气味以是否具有新米米饭的清香进行评价；黏度指米饭黏性的强弱；硬度指米饭的软硬程度；综合评价是被测米饭与对照相比米饭食味好与差的综合判断，而不是各个单项的简单相加之和。一般来说，感官评价的综合评价值被称为食味值。

日本食味感官评价法每次 24 名评价员评价 4 份样品，仍然显得工作量大人员不容易保证。

### （三）高效感官评价法

#### 1. 少数评价员对多数样品的感官评价

在水稻食味鉴评时，特别是优质食味品种选育工作中，需要通过感官评价进行食味选拔的杂交后代材料很多，在一定期间里长时间保证 24 名评价员，即使是日本粮食厅的科学品尝评价法也是不容易做到的。在这种情况下，我们研究开发并向大家推荐“高效食味感官评价法”，评价员减少到 16 人左右，每次感官评价 10 个样品（图 3.2）。这种少数评价员对多份米饭样品进行感官评价的方法，实现了评价效率的提高，该方法事先选择适合的评价员尤为重要。

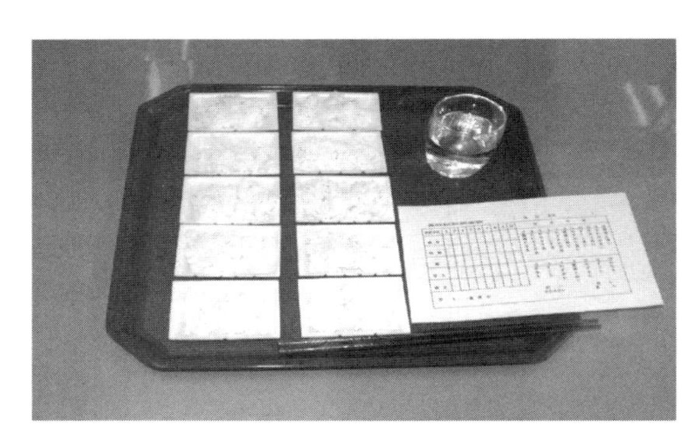

图 3.2　食味高效感官评价 10 份法样品摆放（松江勇次，2012）

关于评价等级，如表 3.2 所示，按照综合评价、外观、气味和味道从－3（相当差）到＋3（相当好），黏度从－3（相当弱）到＋3（相当强），硬度从－3（相当软）到＋3（相当硬）各自 7 个等级评分。评分判断标准：“相当”（±3）是指品尝时第一次感觉就能够判断出差异；“稍微”（±2）是指第一次感觉虽然无法做出明确判断，但一定程度上可以给出与对照不同的结论；“略”（±1）是指感官评价时第一次感觉虽然无法判断，但是第二次感觉便可以得出结论；同对照，是指通过与对照相比，即使第二次感觉也无法得出结论。

**表 3.2　食味感官评价表**

姓名：　　　　　年龄：　　　　　性别：　　　　　籍贯：　　　　　日期：

| 样品 | 2号 | 3号 | 4号 | 5号 | 6号 | 7号 | 8号 | 9号 | 10号 | 比对照差 | | | 同对照 | 比对照好 | | |
|---|---|---|---|---|---|---|---|---|---|---|---|---|---|---|---|---|
| | | | | | | | | | | 相当差<br>−3 | 稍微差<br>−2 | 略差<br>−1 | 0 | 略好<br>+1 | 稍微好<br>+2 | 相当好<br>+3 |
| 外观 | | | | | | | | | | | | | | | | |
| 气味 | | | | | | | | | | | | | | | | |
| 味道 | | | | | | | | | | | | | | | | |
| 黏度 | | | | | | | | | | 弱 | | | | 强 | | |
| | | | | | | | | | | | | | | | | |
| 硬度 | | | | | | | | | | 软 | | | | 硬 | | |
| | | | | | | | | | | | | | | | | |
| 综合评价 | | | | | | | | | | | | | | | | |

1号为对照品种

评价项目：

（1）外观：色白饱满光亮、饭粒间粘连而完整成团（＋），相反（－）；

（2）味道：吞咽滑爽咀嚼后甜（＋），相反（－）；

（3）气味：米饭特有清香气味（＋），相反（－）；

（4）黏度：黏糯的（＋），相反（－）；

（5）硬度：硬（＋），软（－）；

（6）综合评价：对食味良否的综合判断，比对照好（＋），比对照差（－）；

（7）判断标准：±3：第一次感觉有明显区别，且区别很大；±2：第一次感觉有区别，但区别不大；±1：第一次感觉不能够区别，第二次感觉后有区别；0：第二次感觉仍无法判断其差别。

2. 烧杯煮饭评价

如图 3.3 所示，取精米 20 g 放入 100 mL 烧杯中，洗米控水后加入 20 mL 水浸泡 30 min，再用铝箔锡纸盖封烧杯，放入高压灭菌锅中蒸煮 20 min。该方法与米饭的光泽关系密切，因此主要用于判别米饭表面光泽差别，为了进一步明确显示判定差别，必须选用对照样品和参考样品。采用这种方法，每天可以对大量样品进行食味感官评价，因此可用于更加简单高效的杂交后代食味评价。

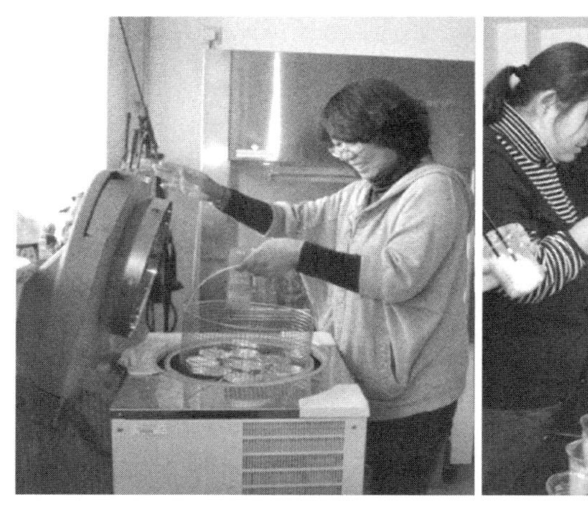

图 3.3 烧杯快速蒸煮食味感官评价法（崔晶 提供）

（四）食味评价员的适合性

作为食味感官评价方法，其必要条件是确保选用具有较高精度识别能力的评价员队伍，为此，把握评价员队伍具体人员的食味识别能力及嗜好性尤为重要，以保证评价结果的可靠性。关于掌握评价员识别能力和嗜好性的方法有很多，下面介绍比较有效的方法。

1. 食味评价员的识别能力

如表 3.3 所示，通过 3 次重复试验的感官评价结果，对每位评价员以品种为变量进行单因素方差分析，从而测定每人判定的各品种间是否存在显著差异，进而对每个人进行检定。以该方差分析检验值 $F=0.05$ 水平显著作为每位评价员对品种间差异识别能力可否的指标。

**表 3.3 食味评价员辨别能力分析实例**（松江勇次 提供）

食味评鉴结果

| 评价员 | 基准米 | 越光 | 藤坂5号 | 日之光 | 筑后锦 | 梦筑紫 | 森田早生 | 筑紫誉 | 西誉 | 秋光 |
|---|---|---|---|---|---|---|---|---|---|---|
| 1 | 0.000 01 | 1 | −1 | 0 | −1 | 1 | −2 | −1 | −1 | −1 |
| 2 | 0.000 01 | 1 | −1 | 1 | −1 | 1 | −1 | −1 | −1 | −1 |
| 3 | 0.000 01 | 1 | −1 | 1 | −1 | 1 | −1 | −1 | −1 | −2 |

单因素方差分析

| 变化因素 | 偏差平方和 | 自由度 | 均方 | F 值 |
|---|---|---|---|---|
| 全体 | 27.200 02 | 29 | | |
| 品种间 | 25.200 02 | 9 | 2.800 003 | 28.00 * |
| 误差 | 2 | 20 | 0.10 | |

注：* 0.05 水平显著；临界值：2.40。F 值达 0.05 水平显著者，具有不同品种食味识别能力。

## 2. 食味评价员的嗜好性

如表 3.4 所示，用鉴评品种的综合评价值，计算全体评价员对每个品种评价平均值与各评价员个人评价值之间的相关系数 $r$，对每个评价员进行计算。相关系数值越是接近于 1，则说明该评价员的评价结果（嗜好性）与全体评价员的平均值越趋于一致，反之，相关系数越是接近于 0，则说明其与全体评价员的（嗜好性）越是不同。为此，这种相关系数值，可以表示全体评价员对品种食味评价得好与不好，来判断每位评价员是否同样可以判定其好与不好。具体以相关系数值 $r=0.05$ 水平显著作为各评价员嗜好性的指标。

**表 3.4　嗜好性分析食味评鉴结果**

| 品　种 | 全体评价员平均值 | 松江勇次评价值 |
| --- | --- | --- |
| 越光 | 0.98 | 1.00 |
| 藤坂 5 号 | −1.20 | −1.00 |
| 日之光 | 0.82 | 0.67 |
| 筑后锦 | −0.98 | −1.00 |
| 梦筑紫 | 1.20 | 1.00 |
| 森田早生 | −2.00 | −1.33 |
| 筑紫誉 | −1.00 | −1.00 |
| 西誉 | −0.88 | −1.00 |
| 秋光 | −1.12 | −1.33 |

注：$r=0.975^{*}$，$n=9$，0.05 水平差异显著；临界值：0.666；3 次重复平均值。

### 3. 评价员的识别能力与嗜好性的关系

从评价员识别能力与嗜好性的关系图，来判断其作为评价员适合与否，可以区分为四个类型，如图 3.4 所示：A 具有识别能力、嗜好性也与全体评价员一致的人，适合作为评价员；B 虽然具有识别能力，但嗜好性与全体评价人员不一致的人，也适合作为评价员；C 不具备识别能力，嗜好性与全体评价人员一致的人不适合作

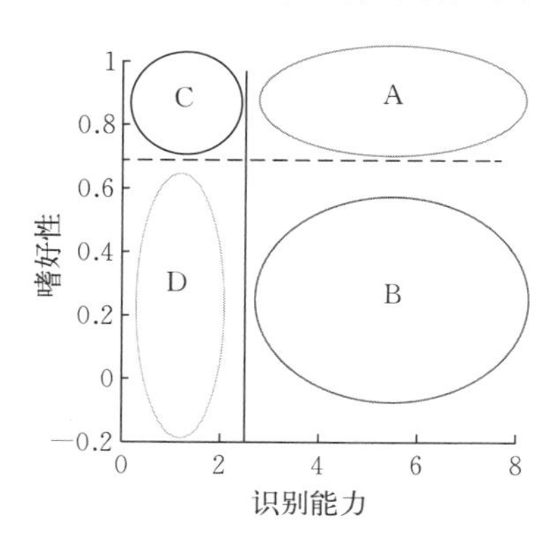


图 3.4　食味评价员识别能力与嗜好性的关系（松江勇次　提供）

注：图中纵向实线表示 0.05 水平差异显著（$F$ 值临界值），横轴虚线表示 0.05 水平差异显著（$R$ 值临界值）。

为评价员，对这样的人需要进行培训；D不具有识别能力，嗜好性也与全体不一致的人，也不适合作为评价员，对这样的人需要进行培训。

## 二、理化特性评价

### （一）米饭物理特性

使用模拟人口腔内咀嚼动作的机械——米饭物理特性测定仪（图3.5，图3.6），可以测定米饭的硬度（$H$，数值越大米饭越硬），黏度（$-H$，数值越大米饭黏性越强），附着性（$A3$，数值越大米饭附着性越强）。$H/-H$或者$H/A3$值越小，可以认为食味越好（图3.5）。氮素施用量越多，$H$值就增大，$-H$和$A3$就变小，$H/-H$或者$H/A3$值就增大，结果食味变差。因此，米饭物理特性可以作为判断氮素施用量与食味之间关系，以及食味优劣程度的一个简易指标。

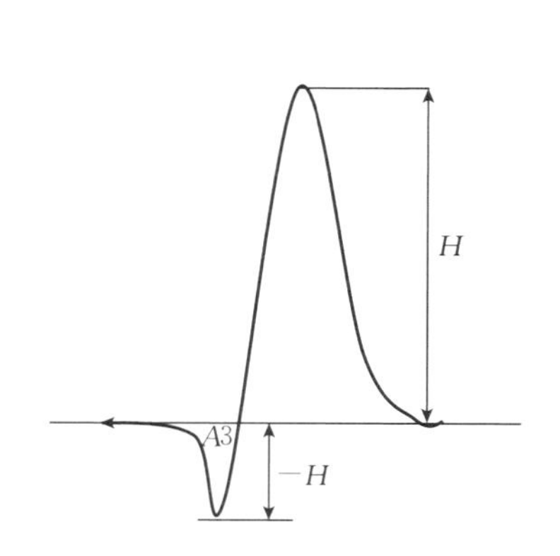


图3.5　物理特性（松江勇次，2012）
$H$：软硬性，$-H$：黏弹性，$A3$：附着性

图3.6　米饭物理特性测定仪（松江勇次，2012）

### （二）直链淀粉含有率

粳稻稻米直链淀粉含有率多数为15%～25%，在这个范围内直链淀粉含有率越低，米饭的黏度越大、食味越好（图3.7）。关于影响直

链淀粉含有率的因素，相比氮肥管理，品种固有的遗传特性对其影响更大。此外，直链淀粉含有率受成熟温度影响也很大，随着成熟温度降低，直链淀粉含有率升高，其原因是低温提高了与直链淀粉合成相关的 *Wx* 基因的活性所致。但是值得注意的是，在品种相同以及其抽穗期和栽培条件一致而籽粒千粒重不同的情况下，前面所说的直链淀粉含有率越低食味越好的关系就不成立了，详细内容将在第四章叙述。直链淀粉含有率受淀粉积累状态所影响，淀粉积累状态不好的糙米与其积累状态好的糙米相比，前者直链淀粉含有率是下降的。

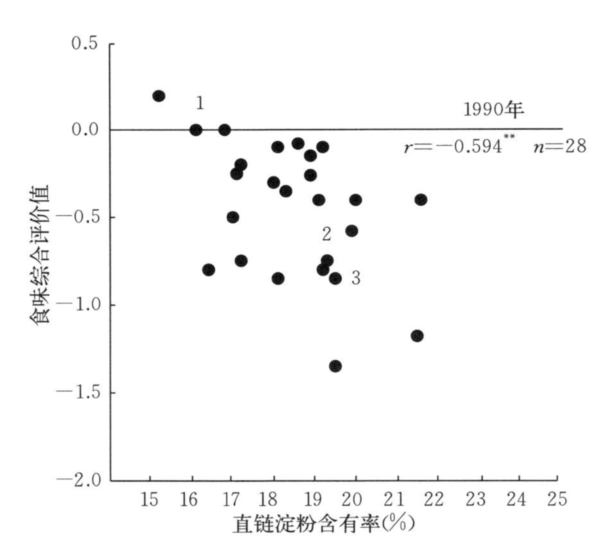


图 3.7 食味与直链淀粉含有率的关系（松江勇次，1993）

对照品种：越光；供试品种：1. 越光 2. 日本晴 3. 筑紫誉

### （三）蛋白质含有率

蛋白质含有率升高则米饭变硬、黏性下降，导致食味变差（图 3.8），特别是与氮素施用量有关，穗肥增加和施用粒肥都会使精米中的蛋白质含有率升高而食味降低。再就是水稻光合物质受库和源相对大小的影响也较大，在库和源大小协调而籽粒中淀粉充分积累、糙米千粒重较大的情况下，蛋白质含有率下降而食味升高。

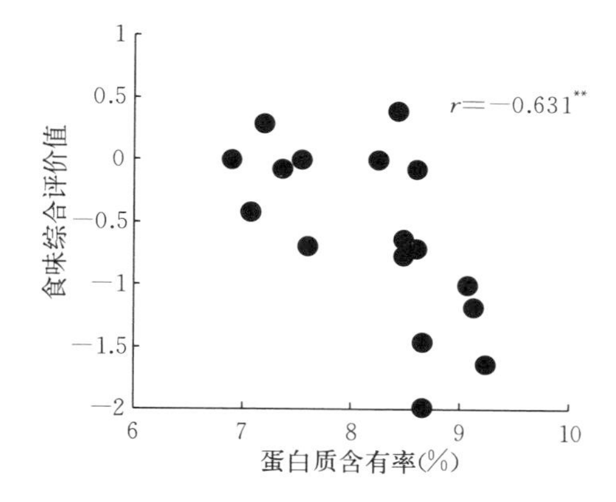


图 3.8　食味与蛋白质含有率的关系（松江勇次，1989）

对照品种：越光

**（四）淀粉糊化特性**

采用 BRAN LUEBBE 公司生产的淀粉糊化测定仪，对悬浮于水中的精米淀粉液按照一定速度，一边搅拌一边加热，测定其米粉的糊化特性（图 3.9）。现在，诞生了只用少量样品就可以迅速测定的分析仪器，即，使用由 NEWPORT SCIENTIFIC 公司生产的淀粉快速黏度分析仪（Rapid visco analyzer）已成为主流。一般来说，最高黏度和崩解值越大则食味越好（图 3.10，图 3.11）最高黏度是

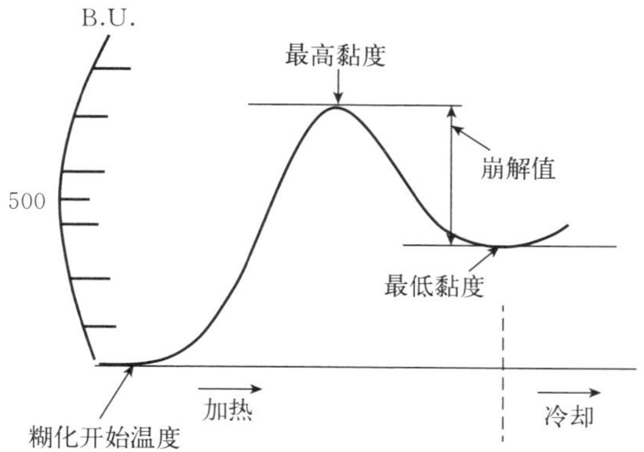


图 3.9　淀粉糊化特性值（松江勇次，2012）

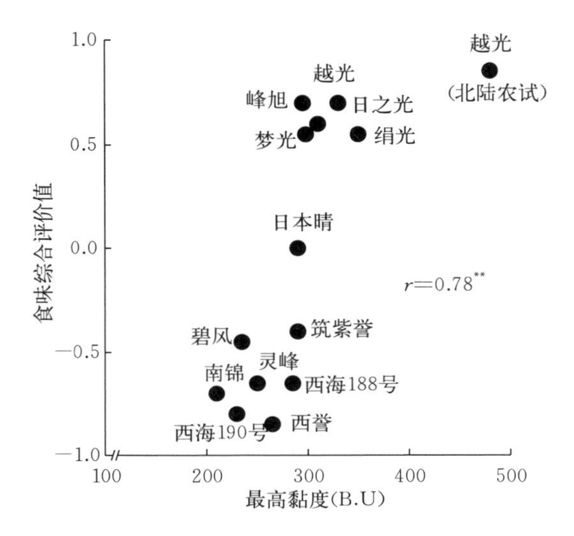


图 3.10 食味与最高黏度的关系（松江勇次，1993）
对照品种：日本晴

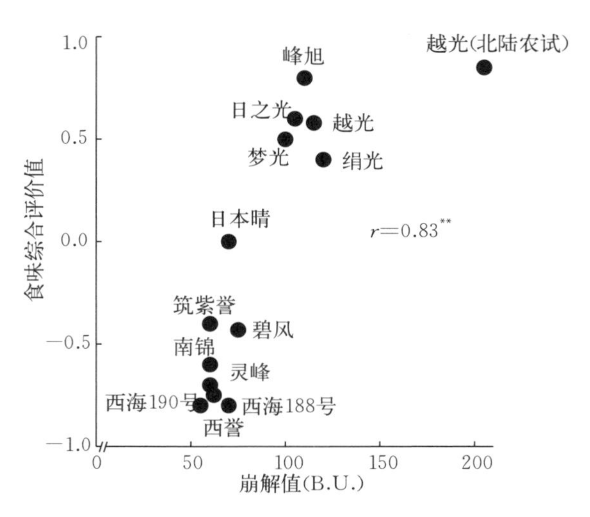


图 3.11 食味与崩解值的关系（松江勇次，1993）
对照品种：日本晴

指随着加热的不断进行，淀粉粒膨润使黏度升高至最高点，崩解值是指最高黏度和最低黏度差，它表示随着继续加热而出现黏度下降，也就是因热而造成淀粉粒破坏程度大小。最高黏度和崩解值受籽粒成熟温度影响较大，随着成熟温度降低，最高黏度下降、崩解值减小。

### （五）脂类

稻米储藏过程中，脂类发生分解生成游离脂肪酸。游离脂肪酸的生成量（脂肪酸度）越多食味越差，它的含量多少也可作为食味劣化以及储藏性优劣的指标（图 3.12）。研究表明，储藏一年而食味稳定的耐储品种，其游离脂肪酸生成量较少。在更加高温和高湿条件下，游离脂肪酸的生成量增加。

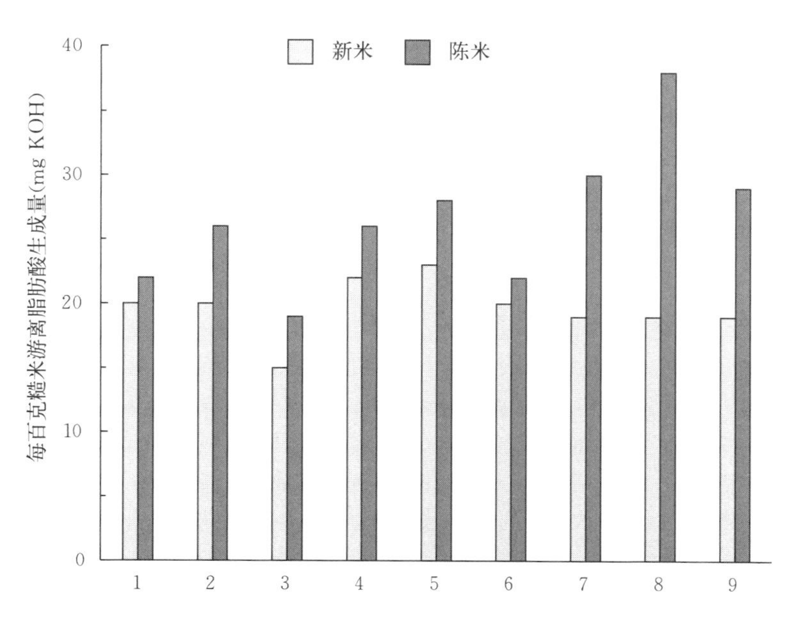


图 3.12　新米和陈米中游离脂肪酸生成量（松江勇次，2014）

注：新米和陈米都是 1989 年生产的。1. 越光，2. 绢光，3. 峰旭，4. 日本晴，5. 中部 68 号，6. 日之光，7. 筑紫誉，8. 南锦，9. 梦光。

## 三、DNA 分子标记

近年来，数量性状分子遗传学研究取得显著进展，有关食味和食味成分 DNA 分子标记研究也在相继开展。人们期待利用 DNA 分子标记助力杂交后代选拔技术快速发展，并为优质食味品种研发发挥更大作用。现阶段，日本利用“森田早生”和“越光”杂交后代进行遗传解析已经明确越光品种优质食味相关染色体片段 QTL（quantitative traitlocus），研究发现（图 3.13），与食味相关的染色体是第 1、3、6、7 及第 10 染色体上的 QTL，这些越光型的等位基因具有提高食味的作用。其中，有研究报告认为第 3 染色体短臂末端的 QTL 片段上存在与综合评价相关的基因（Kobayasi and Tomita 2008，Takeuchi et al.，2008，Wada et al.，2008）。上述基因位点的 DNA 分子标记有望成为优质食味品种育种后代食味高效选拔的手段。但是，从第 3 染色体的短臂末端片段并没有检出与直链淀粉及蛋白质含有率有关的基因位点来看，只依靠这些还不足以说明品种的优质食味，这也说明可能存在决定越光品种优质食味的其他重要基因。

## 四、食味计

由于食味感官评价需要大量劳力，因此开发出了能够简易客观进行食味评价的装置——食味计。食味计本来是为了检测常年储藏混合米的食味稳定性而开发的装置。其实，食味计的食味值是以什么为根据而数值化的，各制造厂家也不清楚。由于食味计的食味值与食味感官试验的综合评价值之间未必是一致的，所以要避免仅凭所谓的食味计食味值判断食味优劣，同时要禁止过于相信食味计给出的所谓食味值。切记最终是人在吃饭，而不是机器吃饭，人对吃饭的感觉是任何仪器设备都无法替代的。

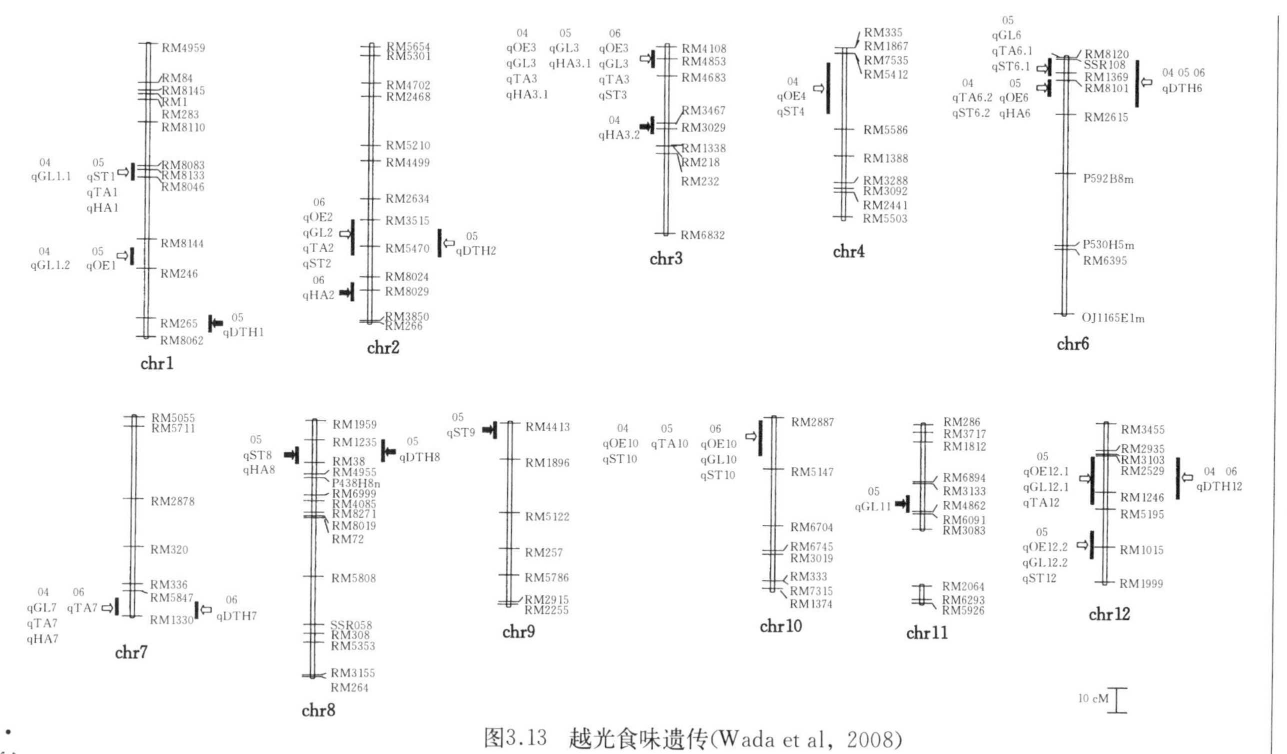


图3.13　越光食味遗传(Wada et al，2008)

注：选用森田早生/越光的杂交组合，进行QTL解析。04、05、06表示2004年、2005年、2006年。OE、GL、TA、ST、HA、DTH分别表示综合评价、外观、味道、黏度、硬度、抽穗期。白色箭头表示表达量增加，黑色箭头表示表达量降低。

# 基于食味的水稻理想株型

水稻食味及其理化特性，是由构成水稻植株体各个有效分蘖穗上着生米粒的食味及其理化特性构成的。稻穗上着生的米粒，由一次枝梗粒和二次枝梗粒不同部位着生的米粒构成，而上述这些米粒就是诸多不同厚度的糙米。另外，分蘖发生的节位、穗上粒着生位置和糙米粒厚度的不同，反映了米粒中碳水化合物蓄积量的不同。因此，米粒着生的部位形态不同对稻米食味会产生影响。这里介绍稻穗大小、分蘖位置、米粒位置和糙米厚度对食味及理化特性的影响，并以此为基础提出基于食味的水稻理想株型。

## 一、稻穗大小

众所周知，茎的粗细对于碳水化合物向糙米转移积累和最终形成产量影响很大，水稻植株茎越粗越有利于形成大穗，因此，这也必将对稻米食味和理化特性产生很大影响。

将植株高度按【秆长＋穗长】不同大小组合分成大、中、小三种类型，对其各自稻穗上着生稻米食味及其理化特性进行解析。

### (一) 不同【秆长＋穗长】类型植株地上部性状和穗上着生米粒的食味特性

不同【秆长＋穗长】类型地上部性状及食味特性如表 4.1 所示。【秆长＋穗长】大的植株穗来自于低位次、低节位的分蘖，其节间茎较粗，糙米千粒重较大，而【秆长＋穗长】中、小的植株穗来自于高位次、高节位分蘖，其节间茎较细，千粒重较轻。【秆长＋穗长】大的植株穗上稻米食味与【秆长＋穗长】中、小的植株穗上稻米食味相比，虽然在外观上基本相同，但是前者味道好、黏性强，所以食味好。

**表 4.1　不同【秆长＋穗长】大小类型的食味特性**（松江勇次，2014）

| 品种 | 【秆长＋穗长】（大、中、小） | 食味评价项目 | | | |
|---|---|---|---|---|---|
| | | 综合评价 | 外观 | 味道 | 黏度 |
| 越光 | 大 | 0.27 | 0.00 | 0.20 | 0.33 |
| | 中、小 | −0.33* | −0.20* | −0.20* | −0.13* |
| 梦筑紫 | 大 | 0.00 | −0.13 | −0.13 | −0.07 |
| | 中、小 | −0.47* | −0.13 | −0.20 | −0.33 |
| 日本晴 | 大 | 0.07 | 0.07 | 0.07 | 0.07 |
| | 中、小 | −0.40* | −0.33* | −0.47* | −0.53* |

食味评价，越光和梦筑紫的对照品种是越光，日本晴的对照是日本晴，各供试品种都是整株取样。*表示【秆长＋穗长】大类型和中、小类型间0.05水平差异显著。

## （二）不同【秆长＋穗长】类型植株穗上着生米粒的理化特性

【秆长＋穗长】大的植株穗上着生稻米的理化特性，比【秆长＋穗长】中、小的植株穗上着生稻米的蛋白质含有率低（图4.1），直链淀粉含有率反而高（图4.2），此结论前提是针对同一品种而言，故与第三章介绍的直链淀粉含有率越低食味越好的结

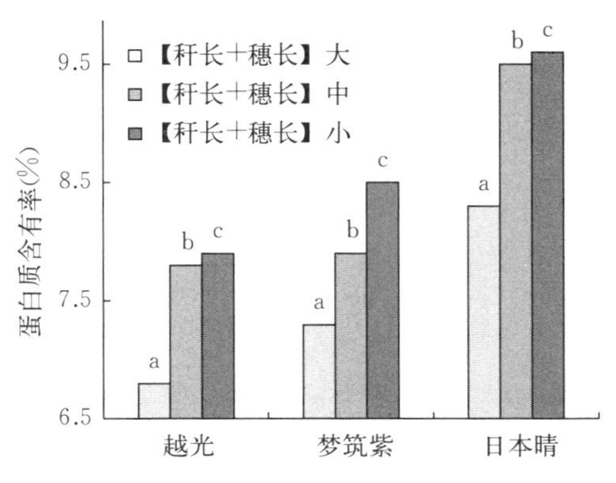


图4.1　不同【秆长＋穗长】类型植株精米蛋白质含有率（%）（松江勇次，2014）

注：不同小写字母表示不同处理之间在0.05水平差异显著。

论不同。【秆长＋穗长】大的植株穗上稻米淀粉糊化特性的最高黏度和崩解值也都较大，米饭物理性的 $H/-H$ 较小（表 4.2）。

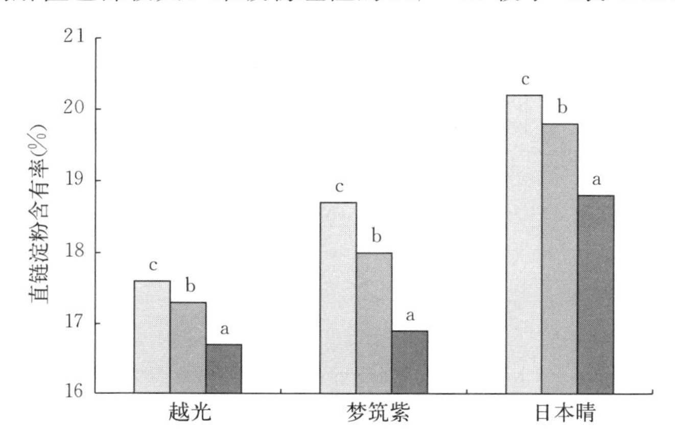


图 4.2　不同【秆长＋穗长】类型植株精米直链淀粉含有率（松江勇次，2014）

注：不同小写字母表示不同处理之间在 0.05 水平差异显著。

**表 4.2　不同【秆长＋穗长】大小类型的糊化特性和物理特性**（松江勇次，2014）

| 品种 | 【秆长＋穗长】（大，中，小） | 糊化特性 | | | 物理特性 |
|---|---|---|---|---|---|
| | | 最高黏度（B. U） | 崩解值（B. U） | $H/-H$ | $H/A3$ |
| 越光 | 大 | 514 | 266 | 11.00a | 14.67a |
| | 中 | 493 | 241 | 12.29a | 17.26ab |
| | 小 | — | — | 15.58a | 21.61b |
| 梦筑紫 | 大 | 597 | 305 | 14.10a | 20.94a |
| | 中 | 570 | 288 | 18.37ab | 34.23b |
| | 小 | — | — | 18.97b | 40.26b |
| 日本晴 | 大 | 360 | 152 | 25.81a | 47.93a |
| | 中 | 355 | 145 | 28.79a | 54.85a |
| | 小 | — | — | 33.24a | 62.82a |

注：不同小写字母表示不同处理之间在 0.05 水平差异显著。

稻米千粒重对食味及其理化特性影响很大，而且与不同【秆长＋穗长】大小植株的穗密切相关。从不同【秆长＋穗长】大小植株穗上着生的糙米粒千粒重和理化特性值的关系，可以发现，糙米千粒重越大，蛋白质含有率越低、直链淀粉含有率越高、淀粉糊化特性和米饭物理性越好（表 4.3）。

**表 4.3 【秆长+穗长】**（大，中，小）**类型千粒重和理化特性的相关系数**（松江勇次，2014）

| 品种 | 蛋白质含有率 (n=9) | 直链淀粉含有率 (n=9) | 糊化特性 | | 物理特性 | |
|---|---|---|---|---|---|---|
| | | | 最高黏度 (n=6) | 崩解值 (n=6) | H/－H (n=9) | H/A3 (n=9) |
| 越光 | －0.673* | 0.908*** | 0.654ns | 0.636ns | －0.725* | －0.777* |
| 梦筑紫 | －0.969*** | 0.966*** | 0.845* | 0.880* | －0.607+ | －0.826** |
| 日本晴 | －0.617+ | 0.985*** | 0.811* | 0.748+ | －0.808** | －0.739* |

注：***、**、*、+分别表示 0.001、0.01、0.05、0.1 水平差异显著，ns 表示 0.1 水平差异不显著。

不同【秆长+穗长】大小植株穗上着生米粒的食味和理化特性的差别，与不同【秆长+穗长】大小植株的穗的糙米千粒重差异密切相关。因此，【秆长+穗长】较大植株穗的米粒食味好的原因在于糙米千粒重大，即米粒中积累的淀粉量大所致。因此，保证【秆长+穗长】较大类型穗的糙米千粒重，不仅从产量方面是必要的，而且从优质食味米生产角度也是令人期待的。尽早确保来自低位次、低节位的粗大茎秆的分蘖及其充实度，进而生产出千粒重大的糙米是非常重要的。

## 二、分蘖体系

对植株整体稻米食味有较大影响的蛋白质含有率和直链淀粉含有率，由植株各个有效分蘖着生粒的蛋白质含有率和直链淀粉含有率所构成。有效分蘖籽实生产力和物质生产，因分蘖发生位次和节位而不同，所以有效分蘖粒食味及理化特性也因分蘖位次及节位而不同。因此，为开展优质食味品种选育及优质食味米生产，必须弄清各有效分蘖着生粒蛋白质含有率和直链淀粉含有率相关的生理生态特性。下面介绍一株内有效分蘖发生节位籽粒蛋白质含有率和直链淀粉含有率。

### （一）一株内各有效分蘖节位米粒的蛋白质含有率

主茎和一次有效分蘖米粒蛋白质含有率，低于二次和三次有效分蘖蛋白质含有率，下位一次有效分蘖（Ⅱ～Ⅵ）比上位有效分蘖（Ⅶ～Ⅸ）的米粒蛋白质含有率低（图 4.3）。从不同品种各有效分蘖发生节位米粒蛋白质含有率看，优质食味品种越光米粒蛋白质含有率与日本晴相比，越光的一次、二次有效分蘖蛋白质含有率都显

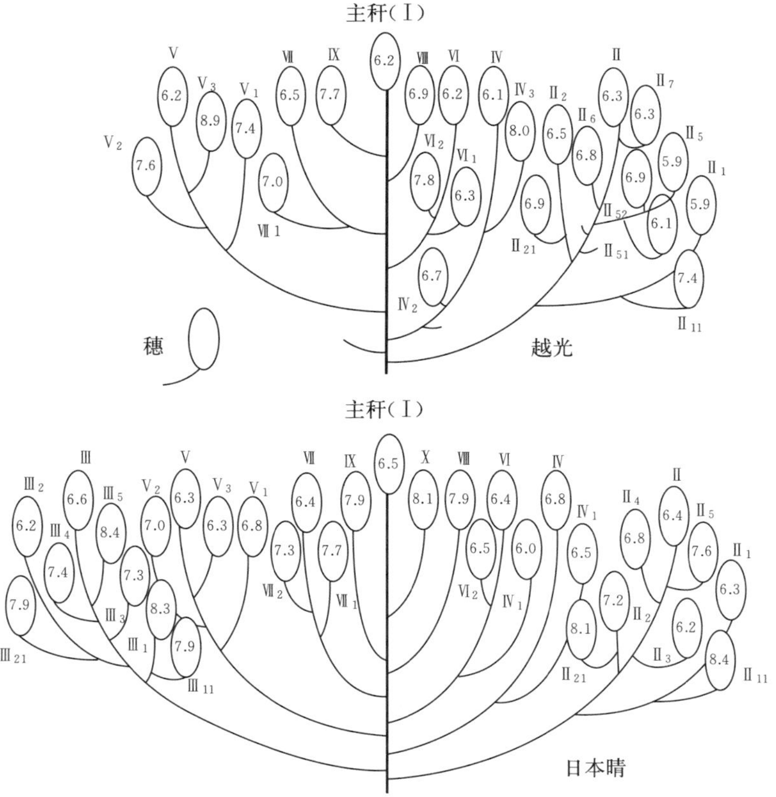


图 4.3　不同节位分蘖米粒蛋白质含有率（%）（松江勇次，2014）

Ⅱ～Ⅹ表示一次分蘖，Ⅱ$_1$～Ⅶ$_2$ 表示二次分蘖，Ⅱ$_{11}$～Ⅲ$_{21}$表示三次分蘖。

示出较低值。一株内有效分蘖发生节位不同所带来的米粒蛋白质含有率变化幅度最大为3.0%，这比后面将要叙述的每穗内枝梗着生位置不同带来的变化幅度（1.2%）要大。

## （二）一株内各有效分蘖发生节位米粒的直链淀粉含有率

主茎和一次有效分蘖米粒直链淀粉含有率，比二次和三次有效分蘖米粒直链淀粉含有率高，下位一次有效分蘖（Ⅱ～Ⅵ）比上位一次有效分蘖（Ⅶ～Ⅸ）的直链淀粉含有率高（图4.4）。从不同品种有效分蘖各发生节位米粒直链淀粉含有率来看，优质食味品种越光米粒直链淀粉含有率与日本晴相比，一次和二次有效分蘖均较低。一株内因有效分蘖发生节位不同所带来的米粒直链淀粉含有率

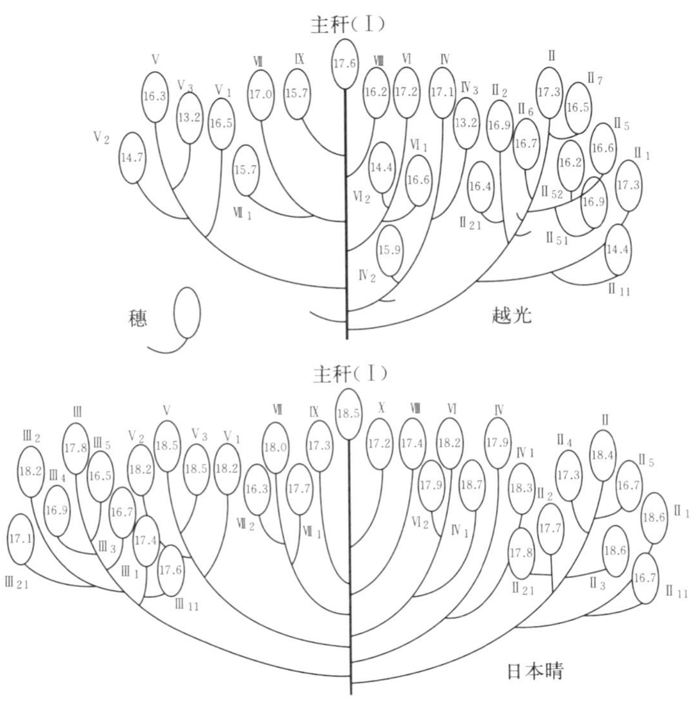


图4.4　不同节位分蘖米粒直链淀粉含有率（%）（松江勇次，2014）

Ⅱ～Ⅹ表示一次分蘖，$Ⅱ_1$～$Ⅶ_2$表示二次分蘖，$Ⅱ_{11}$～$Ⅲ_{21}$表示三次分蘖。

变化幅度最大为 4.4%，这比后面将要叙述的每穗内枝梗着生位置不同带来的变化幅度（3.3%）要大。蛋白质含有率和直链淀粉含有率在 1 株内变化幅度大的原因是，1 株内抽穗期和千粒重变化幅度大于 1 穗内开花期和千粒重变化幅度。

**（三）一株内各有效分蘖发生节位米粒的蛋白质含有率、直链淀粉含有率与抽穗期及千粒重的相关关系**

图 4.5、图 4.6 为不同节位有效分蘖米粒蛋白质含有率、直链淀粉含有率与抽穗期之间的关系图，图 4.7、图 4.8 为不同节位有

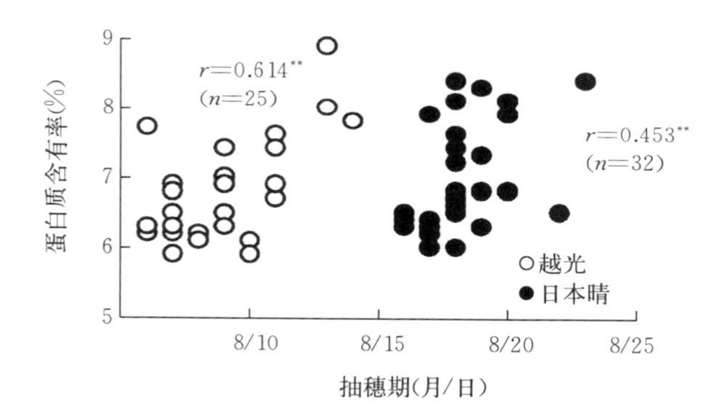


图 4.5　不同节位分蘖米粒蛋白质含有率与抽穗期的关系（松江勇次，2014）
**表示在 0.01 水平差异显著。

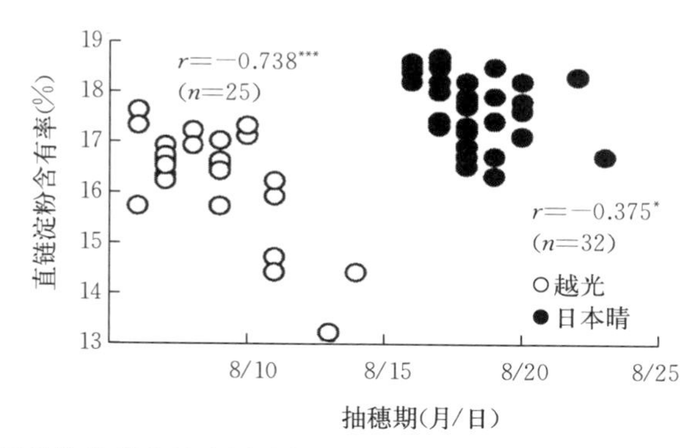


图 4.6　不同节位分蘖米粒直链淀粉含有率与抽穗期的关系（松江勇次，2014）
* 表示 0.05 水平差异显著，**表示 0.01 水平差异显著。

效分蘖米粒蛋白质含有率、直链淀粉含有率与千粒重之间的关系图，图 4.9 为不同节位有效分蘖抽穗期与千粒重之间的关系图。由图中可以看出，越是抽穗期早的有效分蘖米粒的千粒重越大、蛋白质含有率越低、直链淀粉含有率越高。一株内不同节位有效分蘖米粒蛋白质含有率、直链淀粉含有率不同的原因是由于抽穗期早晚不同带来的米粒成熟度差异所致。因此，低节位低蘖次有效分蘖着生粒比高节位高蘖次有效分蘖米粒的蛋白质含有率低和直链淀粉含有率高的原因是由于千粒重大淀粉积累量多所致。因此，为了生产

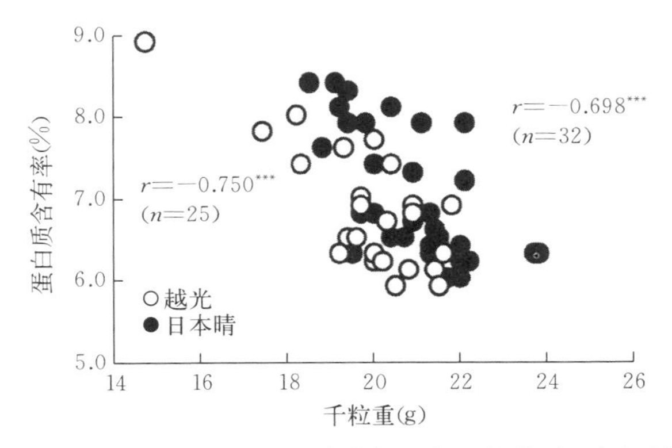


图 4.7　不同节位分蘖米粒蛋白质含有率与千粒重的关系（松江勇次，2014）
***表示 0.001 水平差异显著。

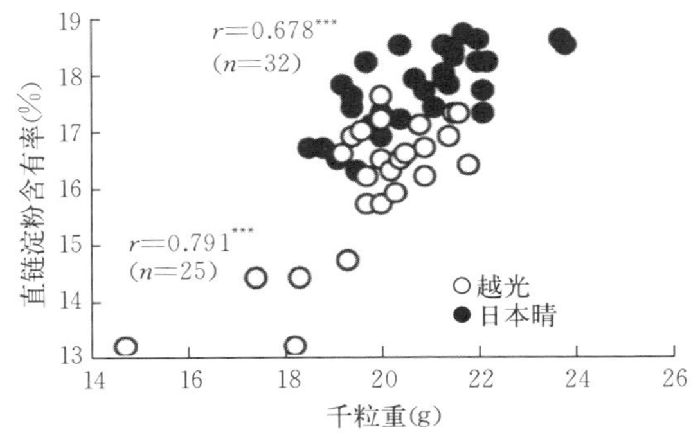


图 4.8　不同节位分蘖米粒直链淀粉含有率与千粒重的关系（松江勇次，2014）
***表示 0.001 水平差异显著。

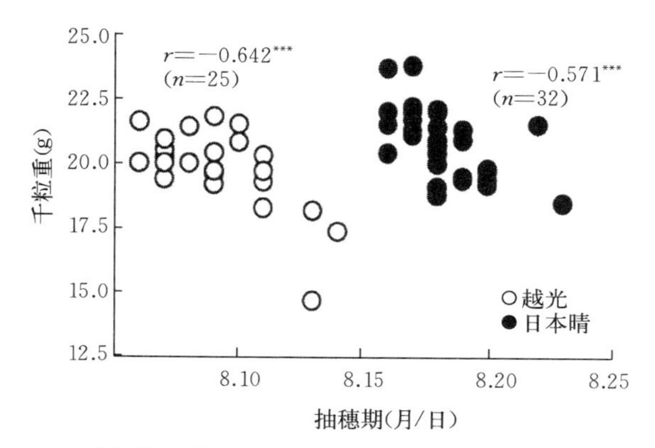


图 4.9　不同节位分蘖千粒重与抽穗期的关系（松江勇次，2014）

***表示在 0.001 水平差异显著。

蛋白质含有率低的稻米，确保早期低节位有效分蘖并保证之米粒充实良好，有效办法就是推广实施能增大糙米千粒重的生产技术。

## 三、米粒在穗上的着生位置

水稻颖花开花时期，因它在穗上一次和二次枝梗的位置不同而存在差异，不同的开花时期、不同的枝梗着生位置导致各枝梗米粒的养分积累量不同，进而一穗内米粒理化特性和食味也就不同。下面从穗相角度，介绍不同着生位置的枝梗（一次枝梗和二次枝梗）米粒食味和理化特性，以及穗上不同位置米粒的蛋白质含有率和直链淀粉含有率与栽培条件的关系。

### （一）不同位置枝梗着生米粒的食味和理化特性

#### 1. 不同位置枝梗米粒的食味

一次枝梗米粒比二次枝梗米粒的米饭外观和味道好、黏性强、食味好（表 4.4）。一次枝梗米粒充实度好，其精米蛋白质含有率低，淀粉的糊化起始温度低，最高黏度高，崩解值大（表 4.5），米饭物理特性好。因此，一次枝梗米粒食味好的原因是米粒更加充实带来的理化特性好所致。

**表 4.4 一次、二次枝梗米粒食味评价**（松江勇次，2014）

| 品种 | 枝梗粒 | 综合评价 | 外观 | 味道 | 黏度 |
|---|---|---|---|---|---|
| 越光 | 一次枝梗粒 | 0.53** | 0.20ns | 0.33ns | 0.33ns |
| | 二次枝梗粒 | −0.40** | −0.40** | −0.33ns | −0.07ns |
| 日本晴 | 一次枝梗粒 | −0.27ns | −0.13ns | −0.20ns | −0.13ns |
| | 二次枝梗粒 | −0.93** | −0.80** | −0.80** | −0.33ns |

注：对照是日本晴一次和二次枝梗产米混合。**表示 0.01 水平差异显著，ns 表示差异不显著。

**表 4.5 一次、二次枝梗米粒糊化特性**（松江勇次，2014）

| 品种 | 枝梗粒 | 糊化开始温度（℃） | 最高黏度（B. U.） | 崩解值（B. U.） |
|---|---|---|---|---|
| 越光 | 一次枝梗粒 | 60.0 | 500 | 195 |
| | 二次枝梗粒 | 69.0 | 470 | 132 |
| 日本晴 | 一次枝梗粒 | 70.5 | 415 | 120 |
| | 二次枝梗粒 | 75.0 | 345 | 100 |

### 2. 不同位置枝梗米粒的理化特性

**（1）不同位置枝梗米粒的蛋白质含有率** 同一穗内各枝梗米粒蛋白质含有率，无论是一次枝梗粒还是二次枝梗粒都是从基部向顶部依次降低的；而从一次枝梗和二次枝梗比较来看，在任何位置一次枝梗米粒的蛋白质含有率均低于二次枝梗米粒的蛋白质含有率，如图 4.10 所示。品种之间，优质食味品种越光与日本晴相比，无论是一次枝梗还是二次枝梗，米粒蛋白质含有率都是越光的低，一次枝梗和二次枝梗不同着生位置的米粒蛋白质含有率存在品种间差异。同一穗内因枝梗着生位置不同造成的米粒蛋白质含有率的差异，其变化幅度最大为 1.2%。

同一穗不同位置枝梗米粒蛋白质含有率与千粒重和开花期关系密切。由表 4.6 可知，米粒蛋白质含有率与千粒重呈负相关关系，与开花时期呈正相关关系，即开花期越早、千粒重越大米粒蛋白质含有率越低。同一穗开花期早的颖花籽粒发育时间长、千粒重大，

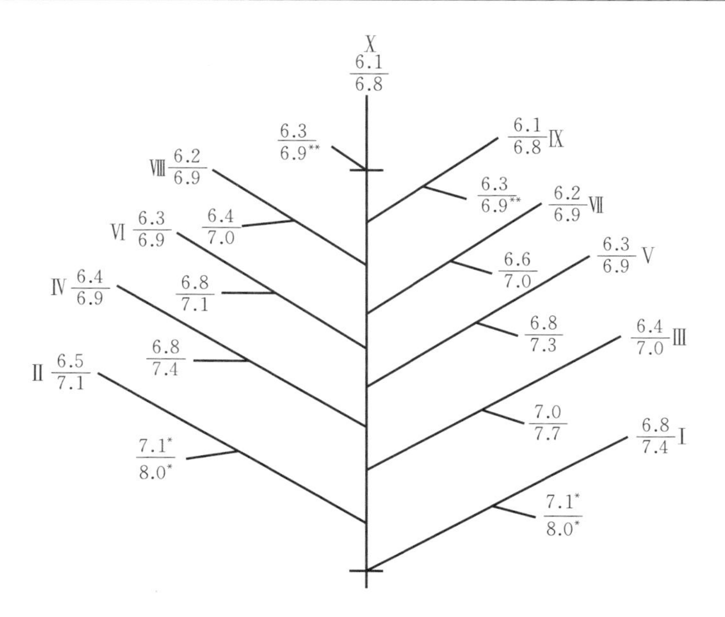


图 4.10　同一穗不同位置枝梗产米蛋白质含有率（松江勇次，2014）

注：Ⅰ～Ⅹ：从穗基部（Ⅰ）至顶部（Ⅹ）枝梗位置。横线上面的数字表示越光，下面的数字表示日本晴。*：Ⅰ和Ⅱ混合，**：Ⅸ和Ⅹ混合。

成熟度好，蛋白质含有率低，米粒食味好。这说明，从穗相角度考虑，培育开花早的一次枝梗粒优势型，或者籼稻品种中二次上位粒多的二次枝梗粒优势型的遗传资源且不易受栽培环境条件影响的优质食味品种是可能的。

**表 4.6　一次、二次枝梗粒蛋白质含有率、直链淀粉含有率与千粒重及开花期的关系**（松江勇次，2014）

| 品种 | 枝梗粒 | 蛋白质含有率 | | 直链淀粉含有率 | |
|---|---|---|---|---|---|
| | | 千粒重 | 开花期 | 千粒重 | 开花期 |
| 越光 | 一次枝梗粒 | −0.778** | 0.911** | 0.841** | −0.926** |
| | 二次枝梗粒 | −0.942** | 0.958** | 0.974** | −0.986** |
| 日本晴 | 一次枝梗粒 | −0.790** | 0.845** | 0.829** | −0.894** |
| | 二次枝梗粒 | −0.798* | 0.964** | 0.961** | −0.837** |

注：*表示 0.05 水平差异显著，**表示 0.01 水平差异显著。

**（2）不同位置枝梗米粒的直链淀粉含有率**　直链淀粉含有率与蛋白质含有率趋势相反，即一次枝梗和二次枝梗都是从基部向顶部逐渐升高的（图 4.11），一次枝梗上无论任何位置米粒的直链淀粉含有率均比二次枝梗米粒高。一次枝梗米粒食味好，但其直链淀粉含有率却高，这一点也与优质食味米直链淀粉含有率低的结论不相符，有待进一步深入研究。

从品种比较来看，越光品种米粒无论是一次枝梗还是二次枝梗，其直链淀粉含有率都低于日本晴。同一穗内不同位置枝梗米粒直链淀粉含有率变化幅度最大为 3.3%。

关于千粒重和开花顺序之间的关系，米粒直链淀粉含有率与千粒重呈正相关关系，与开花时期呈负相关关系（表 4.6），千粒重

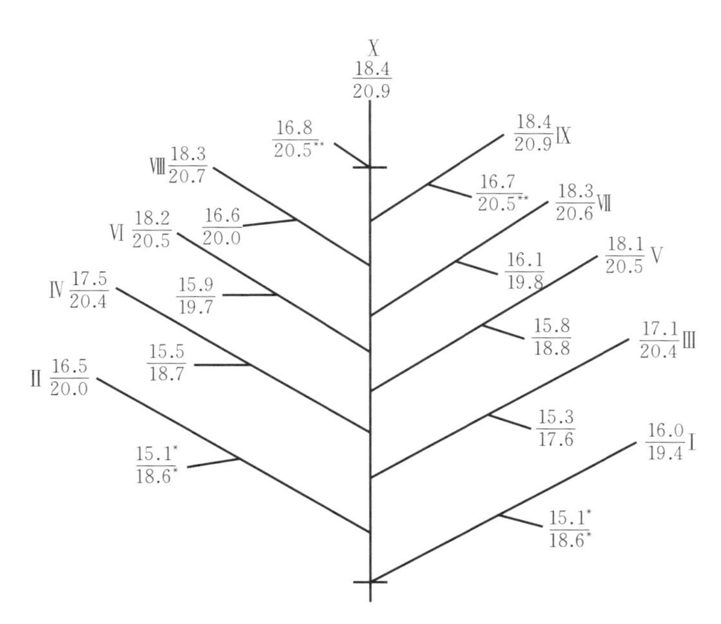


图 4.11　不同位置枝梗产米直链淀粉含有率（松江勇次，2014）

注：Ⅰ～Ⅹ：从穗基部（Ⅰ）至顶部（Ⅹ）枝梗位置。横线上面的数字表示越光，下面的数字表示日本晴。*：Ⅰ和Ⅱ混合，**：Ⅸ和Ⅹ混合。

大、开花期早的米粒其直链淀粉含有率高，这说明充实度越好的米粒，直链淀粉含有率越高。

综上所述，同一穗内不同位置枝梗米粒直链淀粉含有率差异与蛋白质含有率差异一样，均由于穗位不同导致颖花开花时期有早有晚造成米粒成熟度不同所致。从生理学角度看，是由于不同位置枝梗与其淀粉合成相关的结合性淀粉合成酶活性发挥不同所致。即，越是淀粉积累量充足的米粒，结合性淀粉合成酶的活性越高，所以直链淀粉含有率越高。

### （二）不同穗位米粒蛋白质含有率、直链淀粉含有率与栽培环境条件的关系

#### 1. 不同穗位米粒蛋白质含有率

颖花在穗上的位置如图 4.12 所示，分上位颖花（最早开花的颖花）、中位颖花（开花顺序在中间的颖花）和下位颖花（最晚开花的颖花）三个部位。从不同穗位米粒蛋白质含有率与栽培环境条件关系来看（图 4.13），倒伏者蛋白质含有率最高，晚期栽培的次之，再次是多肥栽培的。上位颖花和中位颖花之间没有差异，而下位颖花无论在任何栽培环境条件下其蛋白质含有率都高于上位颖花和中位颖花。越是接近于枝梗基部的颖花（米粒）的蛋白质含有率越高的原因是，基部颖花开花迟、千粒重小。由此看出，由于淀粉积累量不充分，导致蛋白质含有率相对升高。以上结果可知，不同栽培环境条件对稻米蛋白质含有率的影响，从其穗位来看，开花迟的下位颖花米粒受影响较大，上位颖花受影响较小。另外，下位颖花米粒蛋白质含有率总是高于上位颖花米粒的蛋白质含有率，这一点与栽培环境条件无关。

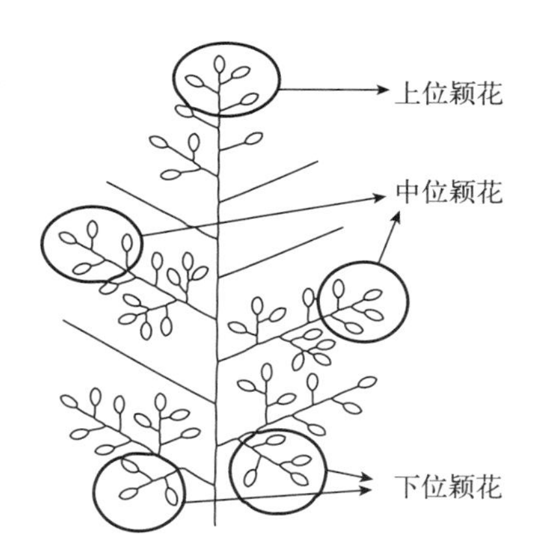

图 4.12　稻穗（松江勇次，2014）

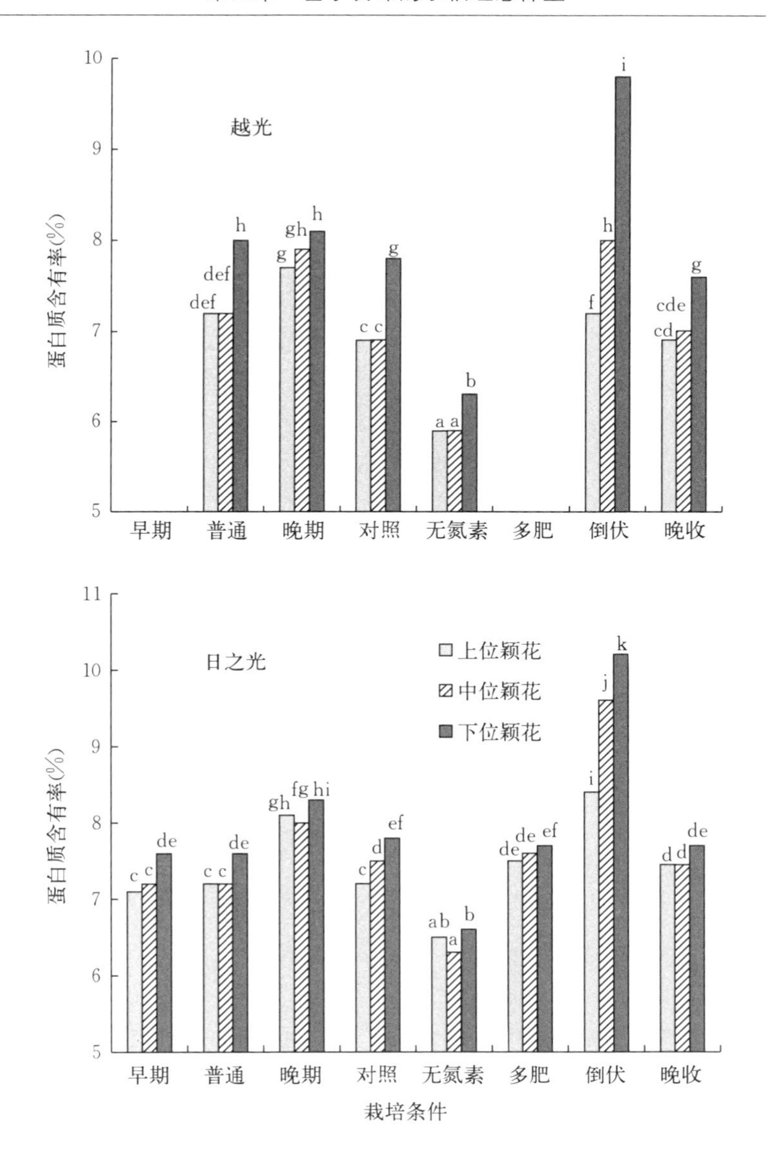


图 4.13　栽培条件和不同穗位产米蛋白质含有率的关系（松江勇次，2014）

注：对照是标准施肥，无倒伏，适宜期收获。不同小写字母表示不同处理之间在0.05水平差异显著。

综上可知，为了生产蛋白质含有率低的优质食味米，从穗位看有必要促进下位颖花淀粉积累以获得充实度好的米粒。为此，在栽培管理上防止倒伏、避免极端晚期栽培、注意调节穗肥用量等很有必要。从育种角度看，要确保有较多蛋白质含有率低的强势颖花，可期待于选育一次枝梗颖花优势型和二次枝梗上位颖花优势型的品种。

2. 不同穗位米粒直链淀粉含有率

从不同穗位米粒直链淀粉含有率与栽培环境条件关系看，上位、中位和下位颖花都是成熟温度低的晚期栽培直链淀粉含有率最高，成熟温度高早期栽培的直链淀粉含有率较低。上位颖花和中位颖花之间虽然不存在差异，但是下位颖花无论是任何栽培环境条件都比上位颖花和中位颖花直链淀粉含有率低，如图 4.14所示。

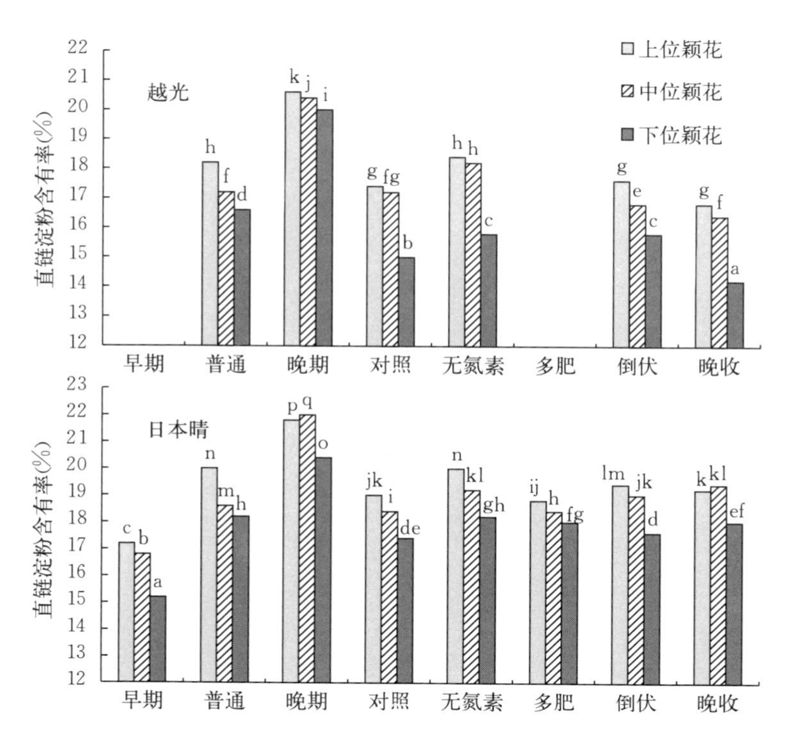

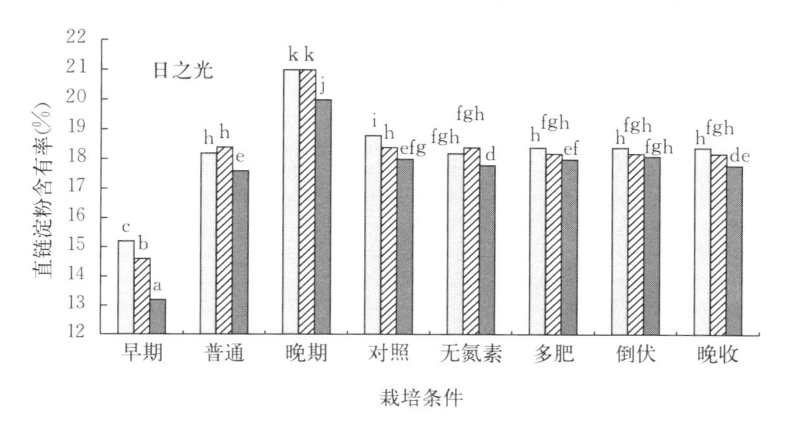


图 4.14　栽培条件和不同穗位产米直链淀粉含有率（松江勇次，2014）

注：对照是标准施肥，无倒伏，适宜期收获。不同小写字母表示不同处理之间在 0.05 水平差异显著。

不同栽培条件对米粒直链淀粉含有率的影响，从穗上位置看，与蛋白质含有率一样，开花迟的下位颖花米粒受影响较大，上位颖花米粒受影响较小。下位颖花米粒直链淀粉含有率总是比上位颖花米粒的低，这一点与栽培条件无关。因此，栽培管理上，注意调节针对二次枝梗粒数的穗肥用量、避免极端稀植、防止成熟期低温的极端晚期栽培。

关于栽培环境条件不同对直链淀粉含有率的影响如表 4.7 所示，对于直链淀粉含有率来说，栽培时期不同时受成熟温度支配，而同一栽培时期则由千粒重支配。

**表 4.7　直链淀粉含有率和糙米千粒重、成熟温度的关系**（松江勇次，2014）

| 品种 | 栽培条件♯ | 单相关系数 | | 偏相关系数 | |
|---|---|---|---|---|---|
| | | 粗糙米千粒重 | 成熟温度 | 粗糙米千粒重 | 成熟温度 |
| 日本晴 | 不同播期（$n=9$） | 0.529ns | −0.871** | 0.678ns | −0.927*** |
| | 相同播期（$n=15$） | 0.850** | −0.339ns | 0.831*** | −0.09ns |
| 日之光 | 不同播期（$n=9$） | 0.455ns | −0.911*** | 0.358ns | −0.902** |
| | 相同播期（$n=15$） | 0.581* | −0.326ns | 0.631* | −0.434ns |

注：♯栽培条件和表 4.1 相同。*、**、***分别表示在 0.05、0.01、0.001 水平差异显著，ns 差异不显著。

## 四、糙米的厚度

人们食用的稻米来自很多厚度不同的糙米。糙米厚度不同直接反映了储藏物质充实度优劣，而这恰是影响稻米食味和理化特性的重要因素。

### （一）不同厚度糙米的食味

曾经以0.1 mm为单位对1.6～2.2 mm及以上不同厚度糙米的食味进行分类，研究结果发现，厚度越大食味越好，但是粒厚在2.0 mm以上范围因粒厚不同而表现出的食味差异较小。如表4.8所示，粒厚在2.0 mm以下时，粒厚越薄食味越差，特别是1.9 mm以下时食味明显变劣变差。

**表4.8　不同厚度糙米食味综合评价**（松江勇次，2014）

| 品种 | 糙米粒厚（mm） | | | | | | |
|---|---|---|---|---|---|---|---|
| | >2.2 | 2.2～2.1 | 2.1～2.0 | 2.0～1.9 | 1.9～1.8 | 1.8～1.7 | 1.7～1.6 |
| 越光 | 0.13 | 0.40* | 0.00 | −0.80* | −2.27* | −3.13* | −3.93* |
| 日本晴 | 0.19 | 0.13 | 0.06 | −0.50* | −1.81* | −3.50* | −4.37* |
| 日之光 | 0.07 | 0.2 | 0.13 | −0.60* | −1.60* | −3.19* | −3.99* |

注：对照是各品种1.8 mm厚度糙米。*表示0.05水平差异显著。

### （二）不同厚度糙米理化特性

糙米厚度在1.6～2.2 mm及以上，以0.1 mm为单位进行分类，不同厚度糙米理化特性随米粒厚度变薄蛋白质含有率增加（图4.15）、直链淀粉含有率则降低（图4.16）。这说明结合性淀粉合成酶的活性下降造成了直链淀粉含有率下降，最终造成蛋白质含有率的增加，稻米食味变劣。

稻米理化特性与糙米厚度密切相关，随米粒厚度变薄，淀粉糊化特性的最高黏度下降（图4.17），米饭物理特性的$H/-H$增大

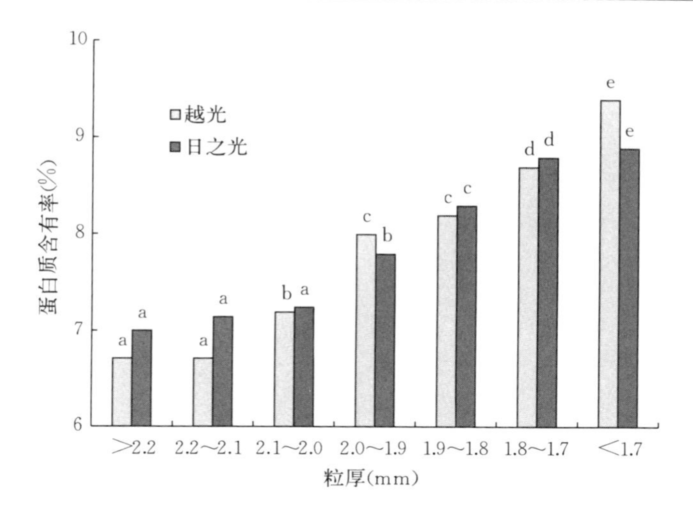


图 4.15　糙米粒厚与蛋白质含有率的关系（松江勇次，2014）

注：不同小写字母表示不同处理之间 0.05 水平差异显著。

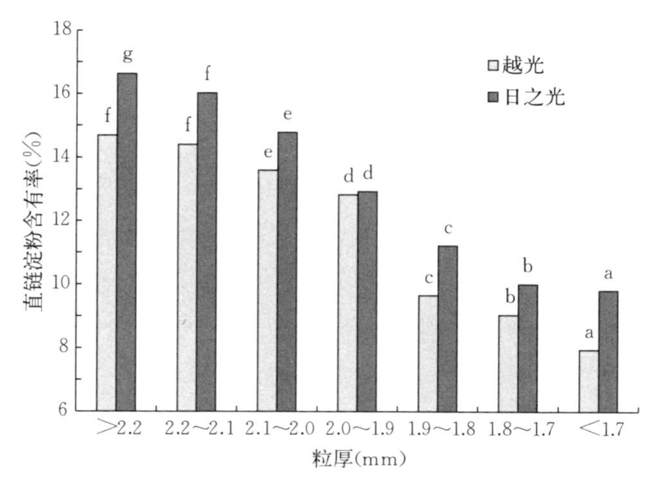


图 4.16　不同粒厚糙米的直链淀粉含有率（松江勇次，2014）

注：不同小写字母表示不同处理之间 0.05 水平差异显著。

（图 4.18），特别是在粒厚 1.9 mm 以下时理化特性明显变差。这也是导致食味明显变差的原因所在。

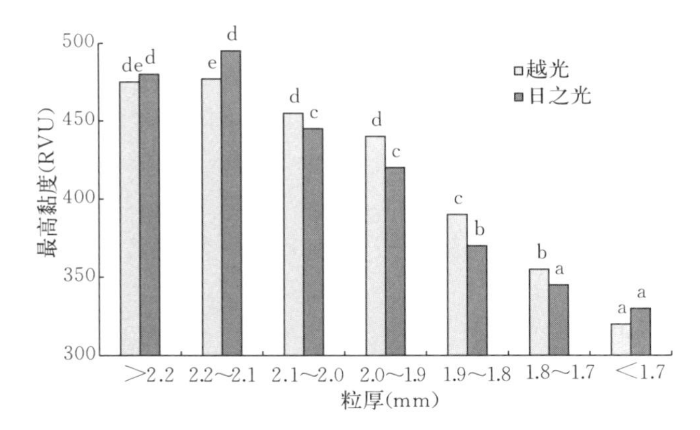


图 4.17　不同粒厚糙米的最高黏度（松江勇次，2014）

注：不同小写字母表示不同处理之间 0.05 水平差异显著。

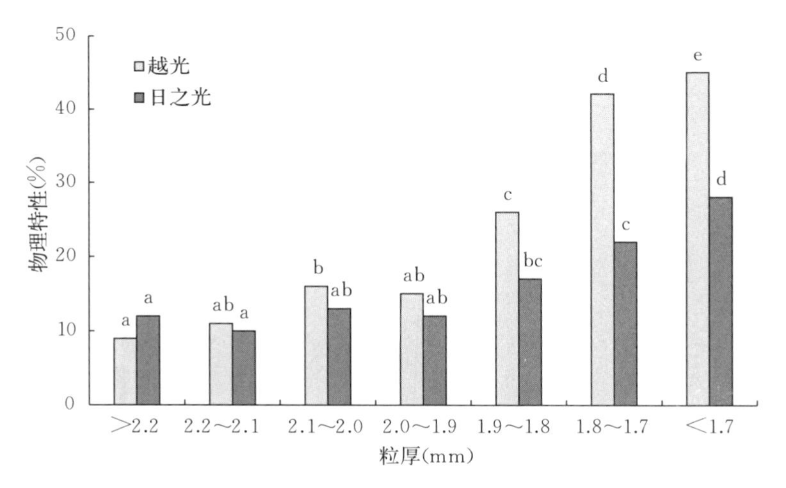


图 4.18　不同粒厚糙米的物理特性（松江勇次，2014）

注：不同小写字母表示不同处理之间 0.05 水平差异显著。

## 五、从食味看水稻理想株型

综上，从稻穗的大小、穗型及分蘖体系不同带来的水稻形态与食味及理化特性的关系来看，在气候变动情况下，为实现优质食味米稳定生产，基于食味的理想水稻株型应该如图 4.19 所示，有效茎比率高、有效分蘖低节位、低位次发生的粗壮茎以及【秆长＋穗长】大的穗构成，同一穗内颖花开花日期一致，在此基础上穗型是二次枝梗粒上位优势型的水稻株型。

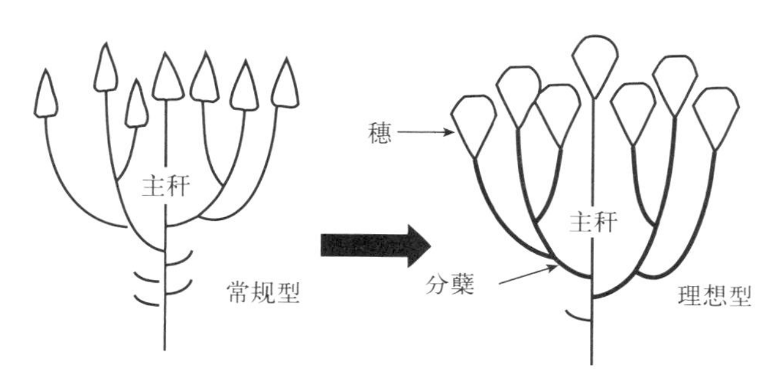


图 4.19　从提升食味观点审视理想穗型（松江勇次，2014）

# 第五章 自然环境与食味

对食味影响最大的因素是品种，但是品种的性状表现在很大程度上受环境条件制约。为了生产优质食味米，有必要首先明确在什么样的自然环境条件下能够最大限度地发挥品种遗传特性，并以此为理论根据开展新品种选育和栽培技术开发。农业所处的环境包括人类不可控的气候及土壤之类的自然环境，也包括人类可控的施肥及水分管理等的生产环境。本章主要叙述自然环境对稻米理化特性和食味的影响。

## 一、气候

气候不仅因地域而不同，在年度间也会发生变化。在自然环境中，与稻米食味关系密切的是气候，在气候因素中，成熟期的气象条件（气温和日照量）对食味影响最大。这里以成熟期气温和日照量对食味及理化特性的影响为中心进行阐述，当然也涉及成熟期以外的气象条件。

### （一）成熟期温度

#### 1. 成熟期温度对稻米食味及理化特性的影响

从成熟温度（抽穗后 35 d 的平均气温）与食味的关系来看，成熟温度最高到 25 ℃左右，温度越高感官试验的食味综合评价越好，但是一旦超过这个温度，随着温度的升高，食味综合评价则下降（图 5.1）。也就是说，成熟温度与食味之间一般呈二次曲线关系。由回归方程式求得食味综合评价最高时的成熟温度（适宜成熟温度）是：极早熟品种越光（Koshihikari）为 25.2 ℃，中熟品种日之光（Hinohikari）为 24.7 ℃，二者成熟温度与食味的关系基本相同，都在 24～26 ℃，与品种的熟性无关。值得注意的是对于食味而言，其适宜的成熟温度要比光合作用和干物质生产所要求的适宜温度（21～23 ℃）高 3 ℃左右。

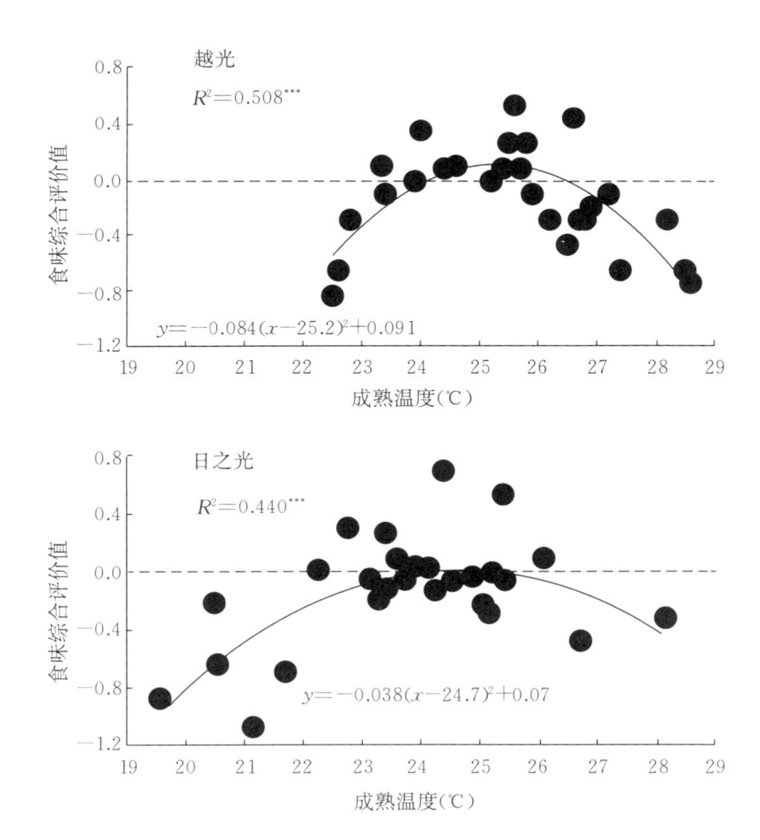


图 5.1　成熟温度与食味综合评价的关系（松江勇次，2014）

注：对照是 6 月 15 日插秧的越光（1988—2000 年）。数据为 1988—2000 年平均值。***表示在 0.001 水平上差异显著。

食味的温度反应来自于稻米理化特性的变化。如表 5.1 所示，成熟温度分别与精米中的直链淀粉含有率呈负相关，与淀粉糊化特性的最高黏度及崩解值呈显著正相关。即，成熟温度越高，直链淀粉含有率越低，淀粉糊化特性值越高。另一方面，成熟温度与蛋白质含有率之间不存在显著相关，同时，与米饭物理特性中的硬度/黏度比（$H/-H$）之间也不存在显著相关，但是成熟温度与蛋白质含有率及 $H/-H$ 之间的关系并不那么简单，这一点将在后面详细介绍。

**表 5.1　成熟温度和食味特性的相关性**（松江勇次，2014）

| 品　种 | 蛋白质含有率 | 直链淀粉含有率 | 糊化特性 | | 物理特性 |
|---|---|---|---|---|---|
| | | | 最高黏度 | 崩解值 | $H/-H$ |
| 越光 | −0.314 | −0.593*** | 0.840*** | 0.866*** | 0.344 |
| 日之光 | −0.156 | −0.621*** | 0.746*** | 0.669** | −0.449 |

注：**、***分别表示 0.01、0.001 水平差异显著（$n$=16～34）。

直链淀粉含有率和蛋白质含有率对成熟温度反应各不相同，原因来自于直链淀粉含有率和蛋白质含有率所包含的内容不同。直链淀粉含有率表示构成淀粉这一胚乳成分内部的直链淀粉和支链淀粉二者的比率，而蛋白质含有率则表示蛋白质和淀粉这两个主要胚乳成分在籽实中积累量的比率。如果直链淀粉含有率为20%，就意味着胚乳成分淀粉的 80%由支链淀粉构成，而 20%由直链淀粉构成，也就是说直链淀粉含有率是有关淀粉构成的特性，而蛋白质含有率是有关胚乳内淀粉和蛋白质积累量的特性。由此可得，直链淀粉含有率和蛋白质含有率对成熟温度反应不同的主要原因在于温度造成了淀粉结构的变化和量的不同。

**2. 成熟期温度对直链淀粉含有率的影响**

一直以来，直链淀粉被认为是与食味关系最为密切的成分，其含有率越低食味越好。直链淀粉含有率高低是品种固有的遗传特性，几乎不受栽培环境条件的影响，但唯一不同的是直链淀粉含有率与成熟温度呈显著负相关（图 5.2），即直链淀粉含有率随成熟温度升高而下降，所以，以前人们把成熟期间高温作为对食味影响的有利条件，但是，近年来有研究发现，在大气变暖背景下，有时这种关系并不符合从前认为的直链淀粉含有率与食味之间的负相关关系（松江勇次，2014）。对此，很多关于淀粉分子结构及积累特性的研究成果相继报道。

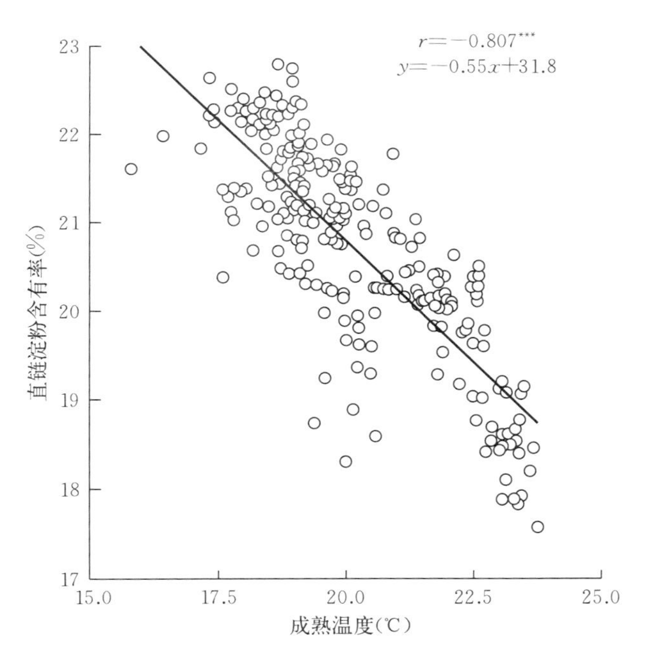


图 5.2　成熟温度和直链淀粉含有率的关系（丹野久，2010）

注：品种为云母 397。***表示在 0.001 水平差异显著（$n=236$）。

云母 397（Kirara 397）成熟温度和精米中直链淀粉含有率之间的关系如图 5.2 所示，二者呈显著负相关。由回归方程式计算得到成熟温度每变动 1 ℃，直链淀粉含有率变化 0.55%。因此，可以认为淀粉内部的直链淀粉和支链淀粉的比例（淀粉构成）因成熟温度不同而发生变化，成熟温度每升高 1 ℃，直链淀粉含有率减少 0.55%，而与之相应的是支链淀粉含有率随之增加相同的比例。同时，随着温度升高，支链淀粉分支上短链和长链的数量比例（分支结构）也发生变化。正如第一章所述，支链淀粉的分支由侧链的短分支（短链）和长分支（长链）构成，如果短链数量多，短链/长链数量比例大，稻米淀粉的糊化特性就好，米饭黏度好、软弹，米饭淀粉老化慢，因此食味综合评价就高。这个事实说明随着成熟温度的变化，淀粉结构也发生变化，即使支链淀粉比例增加，但如果支链淀粉构成中的短链/长链数量比例不增大，则食味也不会提高。从成熟温度引起的支链淀粉分支结构变化来看，如果昼夜平均气温从 19 ℃（昼温 21 ℃/夜温 17 ℃）变化到 23 ℃（25 ℃/21 ℃），则淀粉中的直链淀粉含有率下降，而支链淀粉比例增加，由于支链淀粉短链数量的增加高于其长链数量的增加，结果短链/长链数量比升高（表 5.2）。但是，昼夜平均气温如果达到 27 ℃（29 ℃/25 ℃），支链淀粉比例继续增加，而增加的大部分是其长链，短链/长链数量比反而低于 23 ℃时的比例。因此，成熟温度在 25 ℃以下时，随着温度升高，支链淀粉的短链/长链数量比增加带来了食味的提高，而一旦超过 25 ℃，即使支链淀粉比例增加，但由于短链/长链数量比下降，导致食味水平低下。

**表 5.2 不同成熟温度下淀粉结构差异**（五十岚俊成，2010）

| 成熟温度（昼/夜） | 支链淀粉 | | 直链淀粉含有率（%） | 短链/长链比 |
|---|---|---|---|---|
| | 短链（%） | 长链（%） | | |
| 19 ℃（21 ℃/17 ℃） | 64.0 | 17.8 | 18.2 | 3.6 |
| 23 ℃（25 ℃/21 ℃） | 67.3 | 18.3 | 14.4 | 3.7 |
| 27 ℃（29 ℃/25 ℃） | 67.4 | 20.3 | 12.3 | 3.3 |

注：品种为云母 397。

从上述的成熟温度与食味的关系看，成熟温度之所以在25 ℃左右时发生转变，可能与温度造成了淀粉结构（直链淀粉和支链淀粉的比例）的变化，特别是与支链淀粉的分支结构（支链淀粉的短链和长链数量的比例）的变化有很大的关系。另外，淀粉结构的变化和支链淀粉分支结构的变化，与直链淀粉合成酶及支链淀粉分支附着酶等相关，详细内容将在后面的高温障碍部分进行阐述。

不同品种成熟温度每增加 1 ℃时的直链淀粉含有率变化幅度是不一样的，除云母 397 品种的变幅为 0.55%以外（图 5.2），也有品种为 0.44%（夕波 Yuunnami，稻津脩，1988）、0.35%～0.37%（早黄金 Hayakogane，松前 Matumae 等 4 个品种，武田和义等，1988）和 0.48%（越光 Koshihikari，松江勇次，2014）等数值的研究报道。上述这些研究结果说明，成熟温度导致直链淀粉含有率的变化因品种而不同，其变化程度存在遗传变异，可以根据直链淀粉含有率的温度反应进行杂交，选育直链淀粉含有率稳定的低直链淀粉品种。

### 3. 成熟期温度对蛋白质含有率的影响

蛋白质含有率是淀粉和蛋白质两个成分之间的比例。如果光合同化产物的生产量及其向穗部的转移量少，积累的淀粉数量不足，则蛋白质含有率就会相对升高。此外，因为蛋白质是氮素化合物，所以氮素的吸收量越多，蛋白质含有率也越高。蛋白质含有率由被分配到每粒籽实中的氮素量所决定，籽粒数量越少获得氮素越多，蛋白质含有率就会越高。因此，相对于几乎只受成熟温度影响的直链淀粉含有率来说，蛋白质含有率受多种因素影响，如同化产物生产和积累的源和库能力、成熟度、同化产物向籽实转移的量和淀粉积累量、肥料和土壤中氮素形态与转化、粒数及粒的大小（粒重）等都会影响蛋白质含有率的高低。由此可以看出，蛋白质含有率的温度反应很复杂，既有在高温条件下蛋白质率增加的研究报道（本庄一雄等，1971；徐锡元等，1979；前重道雅，1981；大渕光，1990），也有在高温条件下蛋白质含有率并不增加的研究报道（松江勇次，2003），同时，也有在高温条件下反而导致蛋白质含有率下降的研究报道（西村实等，1985；中钵富夫等，1991；泽田富雄等，1993）。还有研究发现（图 5.3），蛋白质含有率在某一温度点以下呈下降趋势，而超过这个温度点则转为升高（丹野久，2010）。图 5.3 所示，蛋白质含有率降至最低的成熟温度是21.3 ℃，这与前面所述光合作用干物质生产要求的最适温度21～23 ℃基本一致。因此，在这一上限温度以下，随着温度升高，光合产物生产源的能力得以促进，光合产物生产及向籽粒的转移量增加，所以蛋白质含有率相对下降。但是，如果超过这一上限温度，则伴随源的能力衰退，导致光合产物生产受到抑制，同时，籽实的光合产物接受能力和淀粉合成能力开始下降，导致籽实中的淀粉积累量不足、糙米籽实充实不好、单粒重下降。此外，由于气温高导致土壤温度上升，加速了土壤氮素的无机化进程，大量氮素向水稻植株体内转移。在高温下诸多因素的复合作用的结果，使蛋白质含有率上升。由此可知，成熟温度在 20～25 ℃，蛋白质含有率最低且呈二次曲线关系的温度反应。

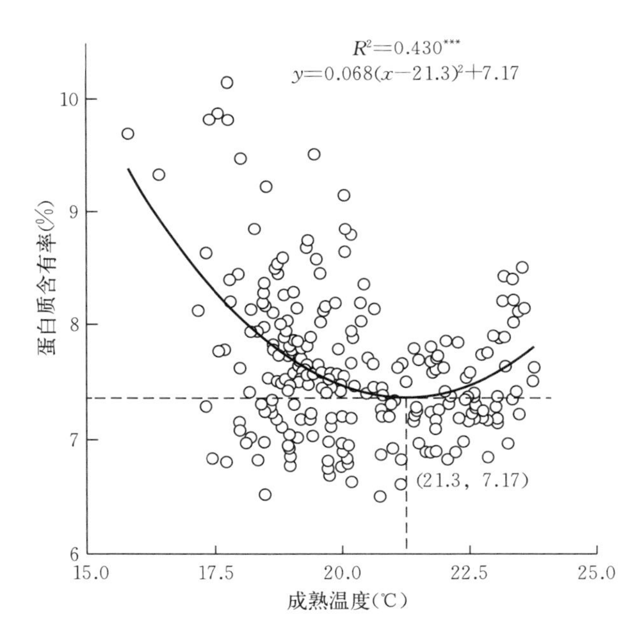


图 5.3　成熟温度和蛋白质含有率的关系（丹野久，2010）

注：品种为云母 397。***表示 0.001 水平差异显著（$n$=236）。

综上所述，高温条件下（＞25℃）生产的稻米食味低劣的原因之一，是蛋白质含有率升高所致。关于在低温条件下，蛋白质含有率变化和食味下降问题，将在后面的低温冷害部分详述。

4. 米饭的物理特性

成熟温度和米饭物理特性 $H/-H$ 之间没有直接的相关关系（表 5.1），但是深入研究发现二者之间存在二次曲线关系（图 5.4），即 $H/-H$ 基本上在食味要求的适宜温度（24.4 ℃）时显示出最低值，超过这个温度界限值域之后则 $H/-H$ 升高。而超过这个温度后 $H/-H$ 升高的原因是如前所述的从 25 ℃左右支链淀粉的短链/长链数量比下降，米饭变硬、黏性减弱。因此，在高温条件下成熟的水稻，其米饭食味变劣与支链淀粉分支结构的变化导致的 $H/-H$ 升高密切关系。

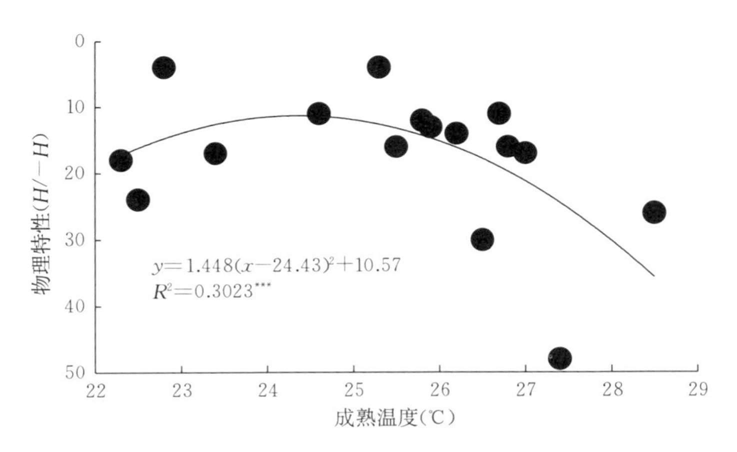


图 5.4　成熟温度和物理特性（$H/-H$）的关系（松江勇次，2014）

注：数据为 1988—2000 年平均值。***表示 0.001 水平差异显著。

5. 食味对于温度反应的转换点

如上所述，成熟温度与理化特性之间的关系，即，成熟温度与支链淀粉分支结构的关系、与蛋白质含有率之间的关系以及与米饭物理特性之间的关系等，都是在 25 ℃左右发生了很大变化。这些变化的结果，使成熟温度与食味的关系以 25 ℃左右为界出现逆转，即，在 25 ℃以下时温度对食味及理化特性有正面影响，而在 25 ℃以上时则产生负面影响，所以，可以把成熟温度为 25 ℃当做是食味温度反应的转换点，充分理解这个事实对开展优质食味品种选育和优质食味米生产技术开发非常重要。

### （二）成熟期间的日照量

成熟期间的日照强弱通过光合作用同化产物的生产而影响到食味。从光合作用干物质生产与成熟期间气象条件的关系来看，气温在 22 ℃左右生产值最高，之后下降，二者呈二次曲线关系；但与日照之间呈直线关系，日照量越大同化产物越增加，反之，日照量减少会使光合作用受到抑制，同化产物不增加。

从抽穗后第 15 天、20 天、25 天、30 天开始分别进行为期10 d的遮光处理，即，采用遮光率为 70％的遮阳网架设在群落上，研究解析遮光对食味的影响（图 5.5）。结果表明，遮光处理导致米饭外观和味道变劣、黏度明显减弱，食味综合评价下降（表 5.3），且日照处理开始的时间越早食味综合评价下降的程度越大，特别是从淀粉积累盛期（抽穗后 15 d）开始处理影响最大。

图 5.5　遮光处理（松江勇次　提供）

**表 5.3　遮光处理对食味的影响**（松江勇次，2014）

| 品　种 | 遮光处理开始时间 | 食味评价 | | | |
|---|---|---|---|---|---|
| | | 综合评价 | 外观 | 味道 | 黏度 |
| 越光 | 抽穗后 15 d | −0.50* | −0.06 | −0.31 | −0.44 |
| | 抽穗后 20 d | −0.45 | −0.06 | −0.25 | −0.44 |
| | 抽穗后 25 d | −0.38 | 0.06 | −0.19 | −0.25 |
| | 抽穗后 30 d | −0.10 | 0.00 | −0.06 | −0.13 |
| | 无遮光 | 0.00 | 0.00 | 0.00 | 0.00 |
| 日本晴 | 抽穗后 15 d | −1.18** | −0.82** | −0.82** | −1.00** |
| | 抽穗后 20 d | −1.00** | −0.36 | −0.91** | −0.82** |
| | 抽穗后 25 d | −0.64** | −0.36 | −0.55* | −0.46 |
| | 抽穗后 30 d | −0.46 | −0.09 | −0.46 | −0.36 |
| | 无遮光 | 0.00 | 0.00 | 0.00 | 0.00 |

注：对照为供试品种的无遮光处理。*、**分别表示 0.05、0.01 水平差异显著。

关于理化特性，遮光处理使精米中的蛋白质和直链淀粉含有率增加（图 5.6）、淀粉糊化特性的最高黏度和崩解值减小（图 5.7），

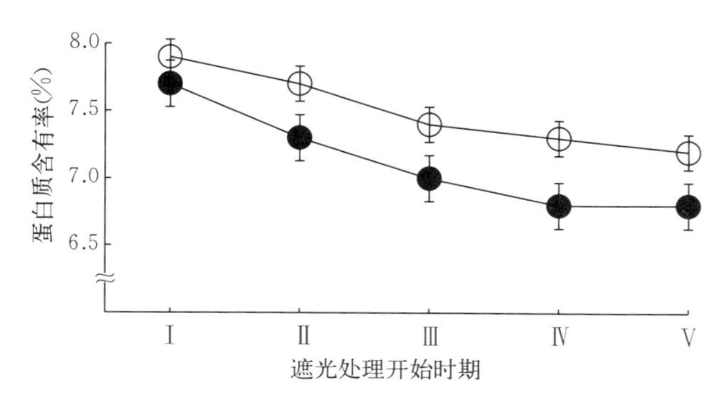


图 5.6　遮光处理对蛋白质含有率的影响（松江勇次，2014）

注：●：越光，○：日本晴。Ⅰ：抽穗后 15 d，Ⅱ：抽穗后 20 d，Ⅲ：抽穗后 25 d，Ⅳ：抽穗后 30 d，Ⅴ：无遮光。竖线表示标准偏差。

遮光使得日照量减少，光合作用受到抑制，从而导致同化产物积累减少，籽实中的淀粉积累量不足，籽粒充实不好，粒重减小，最终结果是遮光生产的稻米蛋白质和直链淀粉含有率升高，淀粉糊化特性变劣，食味下降，遮光处理时期越早下降程度越严重。

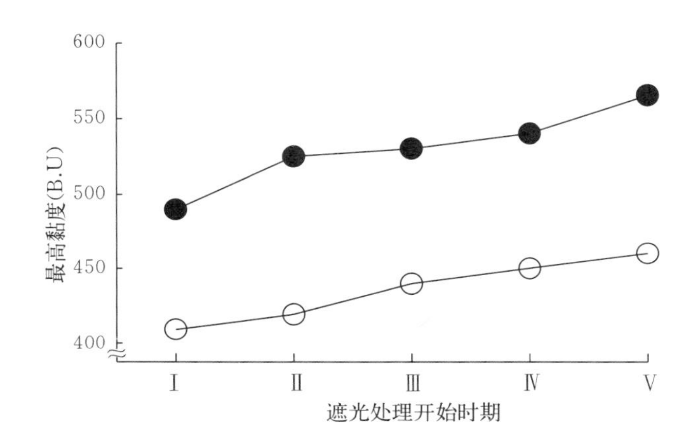


图 5.7 遮光处理对最高黏度的影响（松江勇次，2014）

注：●：越光，○：日本晴。Ⅰ：抽穗后 15 d，Ⅱ：抽穗后 20 d，Ⅲ：抽穗后 25 d，Ⅳ：抽穗后 30 d，Ⅴ：无遮光。竖线表示标准偏差。

对比不同品种间遮光处理结果可以发现，优质食味品种越光要比食味不好的品种日本晴食味下降得少。也就是说，日照量不足导致食味下降的程度存在品种间差异，这说明，通过食味育种选育出即使在成熟期高温寡照条件下食味也不明显降低的优质食味品种是有可能的。

### （三）成熟期以外的气象条件

对食味制约作用最大的气象条件是成熟期气温，当然其他时期气象条件也影响食味，如抽穗期之前的日照量，与成熟期一样通过制约光合作用同化产物的生产和转移而影响食味。籽粒中积累的淀粉量，其中大约 30％左右来自于抽穗期前生产并储存于茎秆和叶鞘中的同化产物，而在抽穗后向籽粒转移。因此，抽穗期前日照量多光合作用旺盛，则储藏于茎叶中的同化产物越多，成熟期间向籽粒中转移和淀粉积累量就越多，对于食味来说就越有利。关于成熟期以外的温度，低温比高温对食味影响大，特别是插秧后的低温、分蘖期开始的低温和抽穗期前后的低温等都会降低食味。插秧后遇到低温会使秧苗返青成活延迟，致使低节位、低位次的强势分蘖无法发生，结果造成分蘖体系混乱，无法获得与食味相关的理想株型；分蘖期持续低温会使抽穗期延迟，难以确保成熟期适宜温度；孕穗期到抽穗期前后低温会妨碍花粉的正常发育，引起花器受精障碍，导致空瘪粒增加，库和源的平衡被打破。因此，各个生育时期的气象条件变化造成上述的形态或者生理生态的变化，通过理化特性而影响食味。

## 二、气象灾害

近年来，频发的异常天气导致各种气象灾害的发生。如，气候变暖、高温障碍、低温障碍（冷害）、暴雨或强风，相反也有干旱等。下面介绍各种气象灾害是如何通过稻米外观品质和理化特性对食味产生影响的。

### （一）高温障碍

遭遇高温障碍的稻米（高温障碍米）最典型的症状是胚乳的一部分呈不透明白浊化（图 5.8）。高温障碍米根据白浊不透明部分所处位置和形状不同，可分为如下几类：①心白米：白浊不透明部分（心白）位于胚乳中心部位，呈圆粒状；②乳白米：白浊不透明部分从胚乳中心向周边扩展，整个米粒白色，呈纺锤状或圆圈状；③背白米：白浊部分位于米粒背侧中央；④腹白米：白浊部分位于米粒腹部中央部位；⑤基白米：白浊部分位于米粒基部；⑥充实不足米：籽实不充实，米粒呈收缩状。高温障碍米的第二个症状是籽实不充实千粒重小。还有由于高温造成的籽实停止增重的青色未熟米等和丧失活性的死米以及昆虫和细菌危害米粒等也有增加。

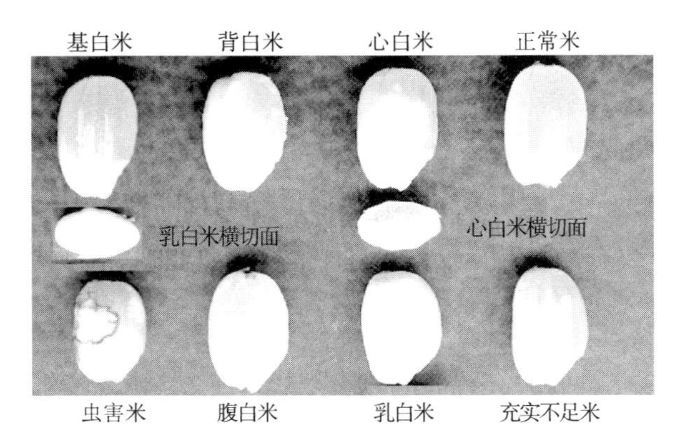


图 5.8 外观品质（松江勇次，2014）

按照日本农产品规格规定，糙米根据外观可划分为一至三等及等外米，并根据这些规格决定收购价格。因此，外观品质变劣的高温障碍米，不能定级为优等米，还有因千粒重变小产量大幅度降低和食味下降，给稻农的收入也会带来沉重打击。因此，解析高温障碍条件下稻米外观品质和理化特性的关系，以及其对食味的不良影响，对确立优质食味米生产的栽培管理技术和糙米粒选标准等极其重要。

### 1. 高温障碍对糙米千粒重及理化特性的影响

高温障碍对糙米千粒重及理化特性的影响如图 5.9 和表 5.4 所示。比较高温障碍米和正常米（整粒米）的千粒重可以发现，心白米千粒重比正常米大，但腹白米与正常米基本相同，而乳白米、背白米、青色未熟米或死米的千粒重则比正常米小。千粒重和理化特性之间存在密切相关，所有品种的千粒重与其蛋白质含有率及米饭物理特性（$H/-H$）之间存在负相关，与淀粉糊化特性的最高黏度之间存在显著正相关，即，千粒重越小，则蛋白质含有率和 $H/-H$ 越高、淀粉糊化特性的最高黏度越小，稻米理化特性越差。由此可知，遭遇高温导致的稻米理化特性劣化，是淀粉积累不良带来的千粒重减小所致，但是，必须注意的是此时千粒重与直链淀粉含有率之间存在显著正相关，而与蛋白质含有率之间则相反存在显著负相关，即，千粒重小的高温障碍米与正常米相比，前者直链淀粉含有率降低，食味也相应变劣。一般来说，直链淀粉含有率低，对食味有利，这与第四章所述同一品种内直链淀粉含有率越低食味越好的结论不符。究其原因可能是高温障碍使得直链淀粉含有率降低，千粒重减小而导致其他理化特性劣化，最终导致食味下降。

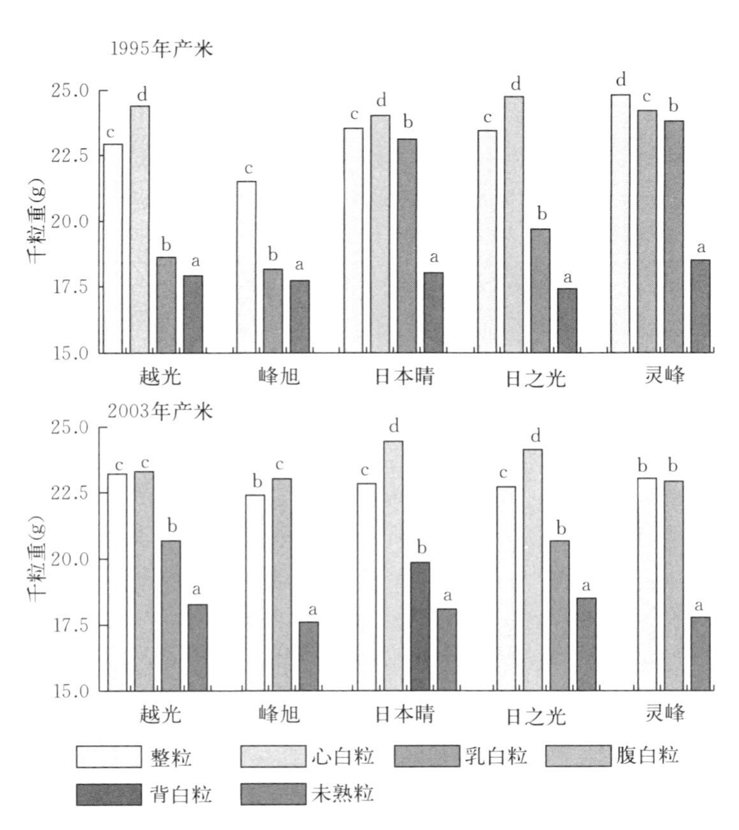


图 5.9　不同品种不同形状糙米千粒重（松江勇次，2014）

注：同列不同小写字母表示不同品质糙米性状之间 0.05 水平差异显著。

**表 5.4　糙米千粒重和理化特性的相关系数**（松江勇次，2014）

| 年份 | 品种 | 蛋白质含有率 | 直链淀粉含有率 | 最高黏度 | $H/-H$ |
|---|---|---|---|---|---|
| 1995 | 越光 | −0.793** | 0.953** | | −0.994*** |
| | 峰旭 | −0.943** | 0.998*** | | −0.994*** |
| | 日本晴 | −0.783** | 0.750* | | −0.996*** |
| | 日之光 | −0.999*** | 0.984*** | | −0.926*** |
| | 灵峰 | −0.856** | 0.916** | | −0.923** |
| 2003 | 越光 | −0.925*** | 0.914** | 0.987*** | −0.890** |
| | 峰旭 | −0.996*** | 0.947** | 0.999*** | −0.885* |
| | 日本晴 | −0.540 | 0.968*** | 0.755* | −0.660 |
| | 日之光 | −0.996*** | 0.915** | 0.943*** | −0.730* |
| | 灵峰 | −0.988*** | 0.924** | 0.999*** | −0.991*** |

注：*、**、***分别表示 0.05、0.01、0.001 水平差异显著（$n=8$）。

### 2. 高温障碍米——心白米

在高温障碍米当中，只有心白米的理化特性反应与其他障碍米不同，即，心白米与正常米相比，前者直链淀粉含有率虽然高，但由于千粒重大而导致蛋白质含有率低，最高黏度和 $H/-H$ 基本相同。心白米的理化特性并不比正常米差，但是心白米在煮饭时其心白部分发生龟裂容易破碎，结果由于糊化加快而使米饭发黏成糊状（松田智明等，1989）。因此，心白米的食味变化主要不在于理化特性，而是从食感方面使食味的评价下降了。另外，心白是受遗传制约较强的性状，因品种不同，与温度无关的心白现象也多有发生，所以，这种心白米很难与高温障碍米相区别。

### 3. 高温障碍米发生的原因

高温障碍米多是因为胚乳细胞内淀粉积累量不足所致，其主要原因可以分为源的方面，即来自于茎叶同化产物供给的能力，以及库的方面，即籽实对同化产物的接受能力和淀粉合成能力。首先，如果温度过高则光合作用干物质生产即源的能力下降，同化产物生产量及其向穗部的转移量减少。其次，由于高温导致籽实库的能力受到抑制，淀粉积累不良而形成高温障碍米。近年来，以酶和遗传解析为中心对于高温障碍米发生机制的分子生物学研究有所进展。关于高温条件下淀粉合成的劣化，从酶解析发现促进直链淀粉合成的淀粉粒结合型淀粉酶和促进支链淀粉分支形成的分支酶等淀粉合成酶的活性因高温而明显下降（Umemoto 等，2002；Yamakawa 等，2007）。从遗传解析发现高温导致淀粉合成基因和糖代谢基因的功能下降，以及作为淀粉分解酶的 α-淀粉酶基因功能上升（Yamakawa 等，2007；山川博干等，2011）。在高温条件下，作为淀粉合成基础同化产物的生产和转移受到障碍，与淀粉合成相关的酶和基因的作用受到抑制进而使淀粉合成量减少。另一方面，有关淀粉分解的酶和基因的作用得到促进而使淀粉的分解量增加。因此，作为光合成量与分解量之差的籽实中淀粉的积累量不足，胚乳不能充分积累而发生高温障碍米。从高温障碍米胚乳细胞中的淀粉质体（含有淀粉粒的细胞小器官）的形态看，在多发单粒状小的淀粉质体的同时，淀粉质体之间出现大的间隙，胚乳的充实程度明显不良（图 5.10），高温障碍米之所以看到浑浊发白部分，就是因为淀粉质体间产生的间隙处进行光散射所致。

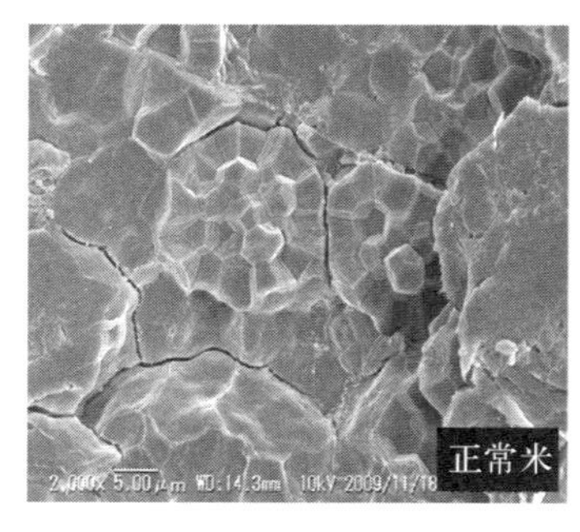


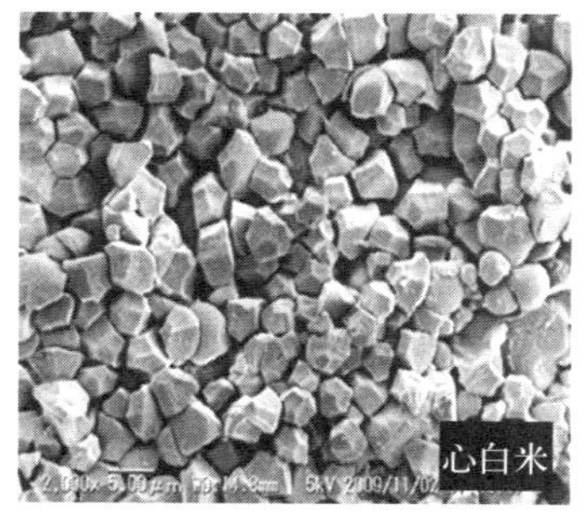


图 5.10　淀粉粒构造（松江勇次，2014）

#### 4. 高温障碍米的理化特性

如上所述，一旦遭遇高温障碍条件，淀粉合成量减少的同时其分解量却增加，导致淀粉积累量不足。高温障碍米由于胚乳不充实千粒重减小，所以蛋白质含有率和 $H/-H$ 升高，最高黏度减小。在很多情况下，高温障碍米的直链淀粉含有率下降，这是由于有关直链淀粉合成的淀粉粒结合型淀粉合成酶的活性在低温下才能被促进。就是说，成熟温度高，淀粉粒结合型淀粉合成酶的活性受到抑制，导致直链淀粉的合成量减少，淀粉中支链淀粉所占比例增加，直链淀粉含有率相应下降。

淀粉合成酶的活性以及基因表达受到抑制的程度因品种而异，这说明通过努力去选育耐高温而又食味好的品种是有可能的。

### （二）低温冷害

在近年来的气象灾害中，高温危害问题比较多发，但是低温冷害也是一个大问题。以日本为例，1993 年曾经遭遇全国性收成指数（当年产量与常年产量的比率）为 74 破纪录的严重冷害，从不同地区的收成指数来看，北海道 40，东北地区 56，这些地区的产量几乎减半，而其中产量绝收的市町村也不少。2003 年也是全国性遭遇了收成指数为 90（北海道 73，东北地区 78）的冷害；2009 年北海道遭遇了收成指数 89 的冷害。冷害不仅降低产量，也会影响稻米品质和食味。因此，尽管现在大气变暖，也不应该忘记和忽视过去出现过的冷害问题。冷害包括孕穗期和抽穗开花期前后的一时低温造成的受精障碍（不结粒）为原因的障碍型冷害和生育初期遭遇低温致使抽穗延迟造成的成熟度不够为原因的延迟型冷害，两种类型的冷害对食味的影响有所不同。障碍型冷害和延迟型冷害同时发生的叫做复合型冷害。

#### 1. 复合型冷害

1993 年 6～9 月，日本由于连续异常低温，发生了复合型冷害危害，1993 年福冈县产米（收成指数 74）的食味及生育与正常的 1992 年产米相比，差别明显（图 5.11），即，冷害年产的稻米味道差、黏性弱，所有品种的食味综合评价均比正常年的低劣。从不同品种来看，晚熟品种灵峰（Reiho）和梦光（Yumehikari）的食味下降显著。另外，从1993年和1992年产米的理化特性来看，精米中的蛋白质含有率（图5.12）和直链淀粉含有率（图5.13）都是1993年产米的高，而淀粉糊化特性中的最高黏度（图5.14）和崩解

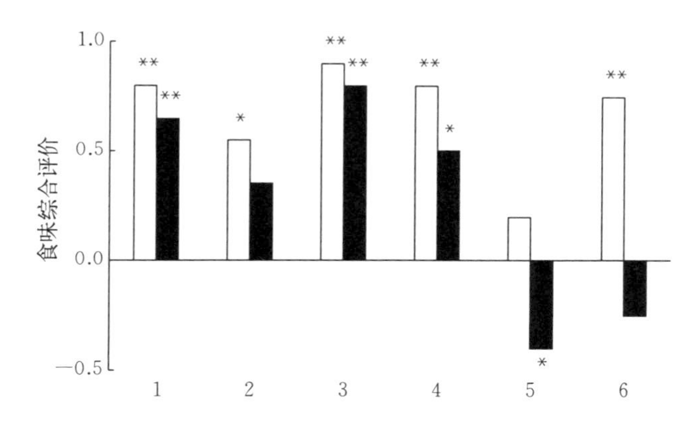


图5.11　不同年份、不同品种的稻米食味综合评价（松江勇次，2014）

注：□：1992年，■：1993年。1：越光，2：峰旭，3：微笑，4：日之光，5：灵峰，6：梦光；对照是日本晴。*、**分别表示0.05、0.01水平差异显著。

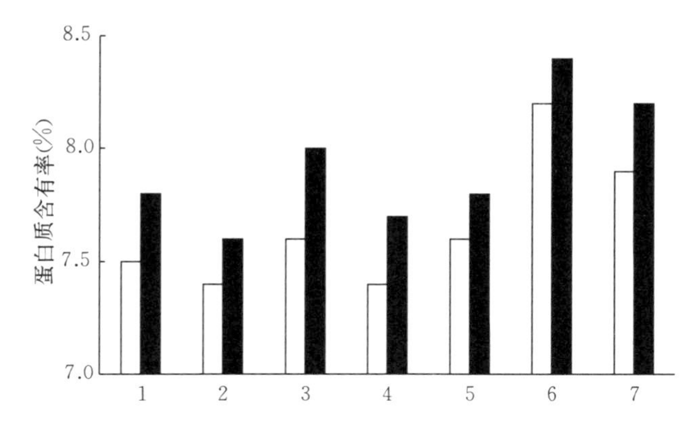


图5.12　不同年份、不同品种的精米蛋白质含有率（松江勇次，2014）

注：□：1992年，■：1993年。1：越光，2：峰旭，3：日本晴，4：微笑，5：日之光，6：灵峰，7：梦光。

值则显示 1993 年产米的低。因此，1993 年冷害造成福冈县产稻米食味不佳的原因，在很大程度上是蛋白质含有率及直链淀粉含有率升高和淀粉糊化特性变差所致。

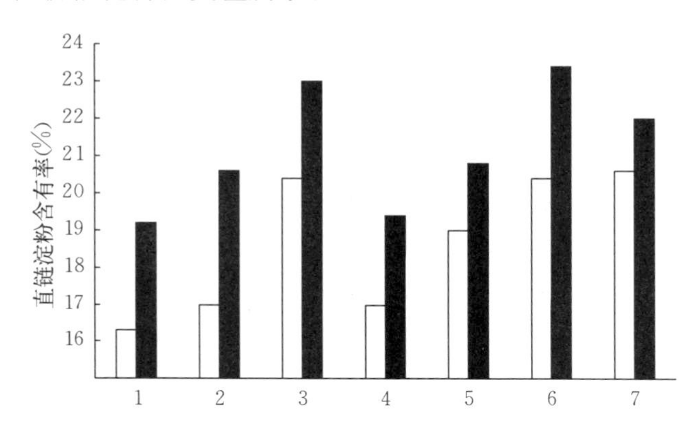


图 5.13　不同年份、不同品种的精米直链淀粉含有率（松江勇次，2014）

注：□：1992 年，■：1993 年。1：越光，2：峰旭，3：日本晴，4：微笑，5：日之光，6：灵峰，7：梦光。

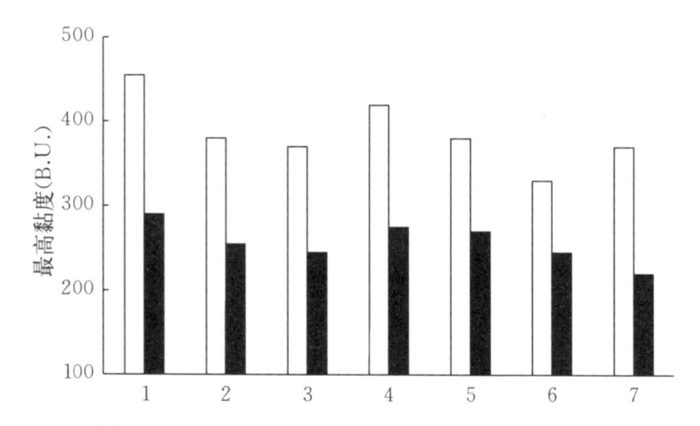


图 5.14　不同年份、不同品种的稻米淀粉最高黏度（松江勇次，2014）

注：□：1992 年，■：1993 年。1：越光，2：峰旭，3：日本晴，4：微笑，5：日之光，6：灵峰，7：梦光。

## 2. 障碍型冷害

障碍型冷害是孕穗期或者抽穗期低温导致的受精障碍，受精障碍产生的不实粒丧失了其作为库的机能，所以抽穗前储存于水稻体内的氮素和抽穗后吸收的土壤氮素只向结实粒分配。因此，不实粒越多，平均每个结实粒所分配到的氮素量就越多，籽粒中的蛋白质含有率就升高，食味变劣。障碍型冷害造成食味下降的原因主要是蛋白质含有率的增加，与直链淀粉含有率之间没有一定的关系。如图 5.15 所示，不实粒率（不实粒数/总粒数×100）和蛋白质含有率之间呈显著正相关，千粒重和蛋白质含有率之间呈显著负相关，不实粒率和千粒重之间呈显著负相关。

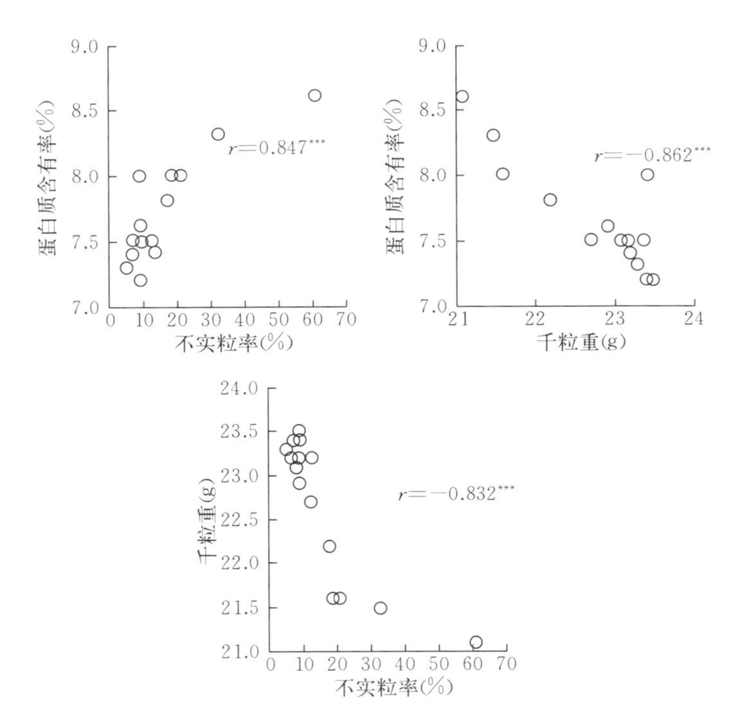


图 5.15　障碍型冷害不实粒率、千粒重和蛋白质含有率的相关性（丹野久，2010）

注：品种为云母 397。***表示 0.001 水平差异显著。

以上可知，障碍型冷害造成的食味下降，是由于不实粒增加和千粒重减小带来的蛋白质含有率上升所致，而延迟型冷害造成的食味下降，是由于抽穗延迟使得成熟期低温，导致直链淀粉含有率上升和淀粉积累量的不足、蛋白质含有率上升以及淀粉糊化特性劣化所致。

### （三）干旱

在没有大河流而只依赖小河及蓄水池水源种植水稻的地区，在降水量少的年份容易发生干旱。1994 年，日本夏季出现了降水量只相当于常年 30%～50%的严重干旱年，不仅给产量，也给食味带来了严重的不利影响。在此，介绍抽穗前 20 d 至 10 d（孕穗期）干旱对食味和理化特性的影响。干旱造成的危害可根据植株凋萎程度与无受害植株比较判断，一般分为四个级别：萎蔫程度在 10%以下的无危害，11%～30%为轻危害，31%～50%为中危害，51%～70%的为重危害。

干旱危害的稻米与未受旱正常米相比，米饭外观和味道变差，黏性减弱，食味综合评价下降（表 5.5）。食味下降程度因遭遇干旱的强弱而不同。干旱轻的影响小，干旱中等以上的食味显著下降。从干旱对稻米理化特性的影响来看，干旱导致精米中蛋白质含有率上升（图 5.16），淀粉糊化特性中的最高黏度（图 5.17）和崩解值减小，其变化程度随干旱加重而增大，但干旱对直链淀粉含有率的影响无明显趋势。

**表 5.5　干旱与食味评价的关系**（松江勇次，2014）

| 品　种 | 干旱 | 食味评价 | | | |
|---|---|---|---|---|---|
| | | 综合评价 | 外观 | 味道 | 黏度 |
| 日本晴 | 无 | 0.00 | 0.00 | 0.00 | 0.00 |
| | 轻 | −0.33 | −0.33 | 0.00 | −0.27 |
| | 中 | −0.60* | −0.80* | −0.47 | −0.60* |
| | 重 | −1.07** | −1.20** | −0.47 | −0.67* |
| 日之光 | 无 | 0.00 | 0.00 | 0.00 | 0.00 |
| | 轻 | −0.33 | −0.07 | −0.27 | −0.13 |
| | 中 | −0.47 | −0.33 | −0.53* | −0.53* |

注：对照为无干旱品种。*、**分别表示 0.05、0.01 水平差异显著。

因此，遭到干旱危害的稻米蛋白质含有率上升、淀粉糊化特性变差导致食味下降。

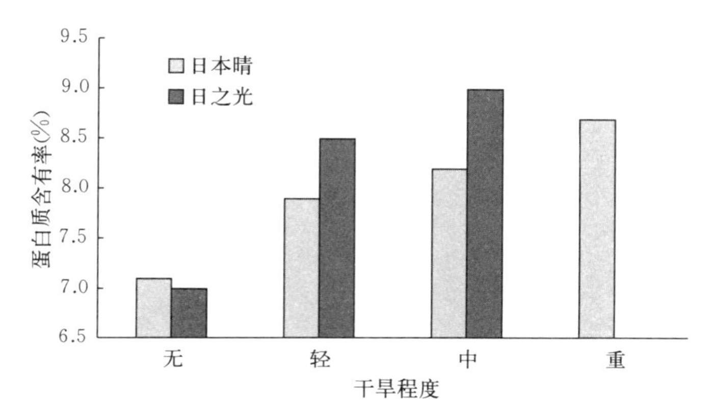


图 5.16　干旱对蛋白质含有率的影响（松江勇次，2014）

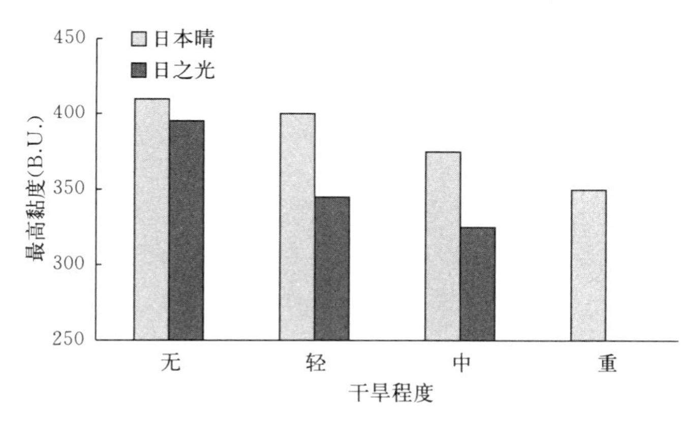


图 5.17　干旱对最高黏度的影响（松江勇次，2014）

## （四）风、雨害

水稻遇到强风或大雨出现倒伏也会对食味产生不利影响，如遇到强风或暴雨倒伏不仅导致收割作业困难，也会使光合及蒸腾作用受到抑制、养分运输受阻，导致产量和稻米外观品质下降给食味带来不良影响。还有在成熟期连续降雨，容易引起倒伏的同时也会造成穗发芽，进而降低产量和外观品质，严重影响食味。

人为使水稻茎部弯曲倒伏（图 5.18），然后调查其对食味的影响（图 5.19）。结果显示，成熟期前 20 d 倒伏处理的稻米食味综合评价显著变差，但随着倒伏处理时间推迟，接近成熟期时倒伏对食味综合评价下降的影响程度较小，即使成熟期前1周倒伏，食味也基本不下降。倒伏造成的食味下降与其他气象灾害一样，光合作用受阻导致籽粒中的淀粉积累不足，而使蛋白质含有率增加（图5.20），淀粉糊化特性变差，但与直链淀粉含有率没有关系。

图5.18　倒伏处理（松江勇次，2014）

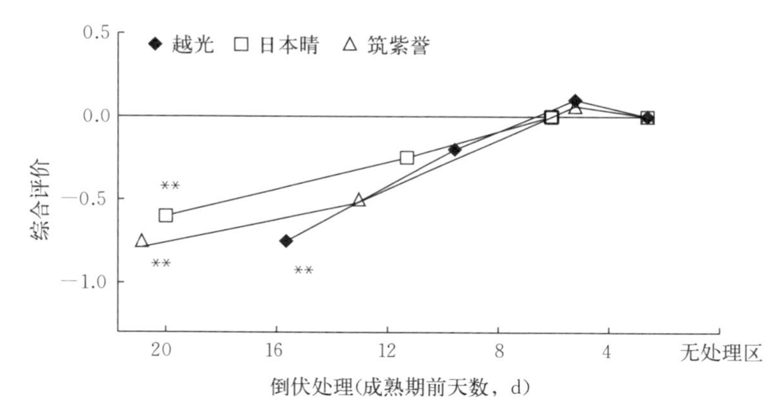


图5.19　倒伏处理时期对稻米食味的影响（松江勇次，2014）

注：对照为无处理区产米. *、**分别表示0.05、0.01水平差异显著。

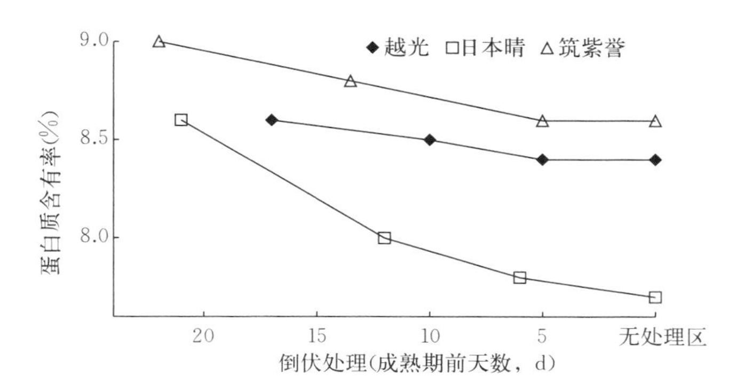


图 5.20　倒伏处理时期对稻米蛋白质含有率的影响（松江勇次，2014）

人工处理的穗发芽稻米如图 5.21 所示，与正常稻米混合，调查穗发芽粒混入比例与食味的关系，结果发现有穗发芽米的混合米的食味与正常米相比，米饭外观和味道变差，黏性变弱，气味不好，食味综合评价下降（表 5.6）。食味综合评价下降的程度因发芽粒的混入率增加而增大，即，混入率在 10％时对食味几乎没有影响，混入率在 25％时便开始产生影响，混入率超过 50％时则使食味显著下降。不容易穗发芽的越光品种与容易穗发芽的峰旭品种相比，前者因穗发芽粒混入造成的食味下降程度较小。从穗发芽对理化特性的影响来看，与前述的障碍型冷害、干旱及倒伏的情况相反，穗发芽对蛋白质含有率没有影响，但它对直链淀粉含有率有较大影响。随着穗发芽粒混入率的增加，直链淀粉含有率升高（图 5.22），淀粉糊化特性的最高黏度（图 5.23）和崩解值变小。从不同品种来看，这些变化与食味变化相同，

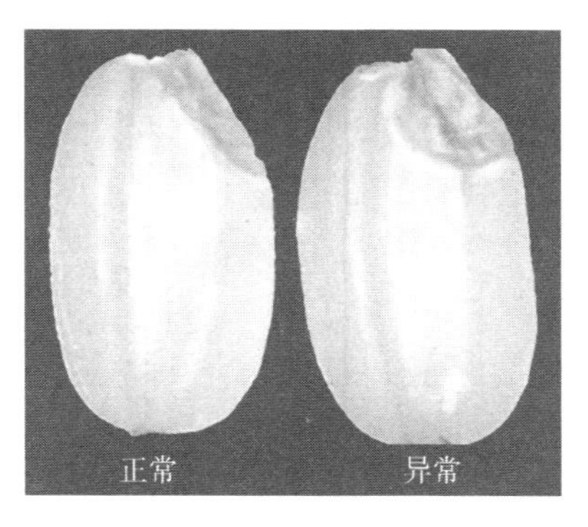


图 5.21　发芽程度（松江勇次　提供）

越光变化幅度小，而峰旭变化幅度大。蛋白质含有率与穗发芽粒混入率无关而基本保持不变。

**表 5.6　发芽粒混入后对食味的影响**（松江勇次，2014）

| 品种 | 发芽粒混入率（%） | 食味评价 | | | |
|---|---|---|---|---|---|
| | | 综合评价 | 外观 | 黏度 | 气味 |
| 峰旭 | 0 | 0.00 | 0.00 | 0.00 | 0.00 |
| | 10 | −0.15 | 0.13 | −0.18 | −0.13 |
| | 25 | −0.38 | 0.00 | −0.25 | −0.75** |
| | 50 | −1.06** | −0.50** | −0.38 | −1.13** |
| | 75 | −1.12** | −0.44 | −0.56* | −1.32** |
| | 100 | −1.44** | −0.75** | −0.50* | −1.44** |
| 越光 | 0 | 0.00 | 0.00 | 0.00 | 0.00 |
| | 10 | 0.00 | −0.25 | −0.06 | −0.19 |
| | 25 | −0.13 | −0.25 | −0.50 | −0.44 |
| | 100 | −1.25** | −0.88** | −0.63* | −1.63** |

注：对照为发芽粒混入率为0%的供试品种。*、**分别表示0.05、0.01水平差异显著。

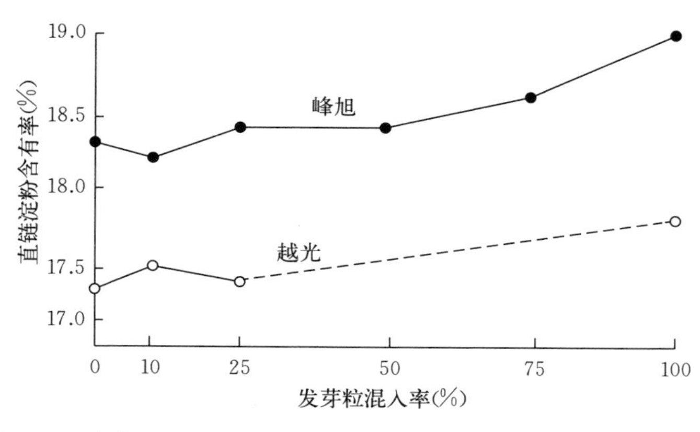


图 5.22　发芽粒混入率与直链淀粉含有率的关系（松江勇次，2014）

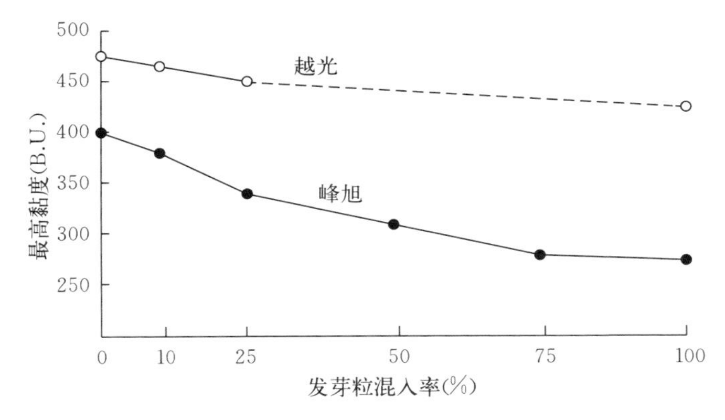


图 5.23　发芽粒混入率与最高黏度的关系（松江勇次，2014）

穗发芽造成的理化特性变化，来自于与发芽有关的淀粉分解酶活性的变化。穗发芽粒的直链淀粉含有率升高，源自于在淀粉酶的淀粉分解过程中支链淀粉先行被分解，结果淀粉中直链淀粉比例相对升高。淀粉糊化特性中的最高黏度和崩解值变小，是因为淀粉自身分解减少所致。从品种间差异看，穗发芽抗性强的越光品种淀粉分解酶活性升高程度比容易穗发芽的峰旭品种小。这说明穗发芽因品种而异，选育抗穗发芽的品种对提高食味是极其重要的。

## 三、土壤

土壤和气候一样是构成自然环境的要素，作为作物生产的基础支撑着植物体，通过养分供给影响产量及食味。土壤与食味的关系研究至今，有很多经验之说，如在排水良好的沙质土壤上生产的稻米食味好，而在泥炭土上生产的稻米食味不良等。综合这些研究结果，通常认为泥炭土及黑土水田生产的稻米食味低下，而其他土壤类型与稻米食味的关系并没有发现一定的趋势。

### （一）泥炭土对稻米理化特性和食味的影响

泥炭土是植物残体没有被充分分解而堆积形成的土壤，其水田特征是排水不良，pH 低，氮素含有率高，腐殖质多而无机质成分少，C/N 比高等（表 5.7）。泥炭土上生产的稻米其直链淀粉含有率与其他类型土壤相比变化不大，但是蛋白质含有率高、淀粉糊化特性的最高黏度和崩解值小、米饭物理特性的 $H/-H$ 高（表 5.8）。另外，作为煮饭特性的加热吸水率高，膨胀容积大（表 5.9），米饭易成糊状而黏性减弱。

**表 5.7　不同类型土壤性质**（稻津脩，1988）

| 土壤类型 | pH | 腐殖质（%） | 碳含有率（C）（%） | 氮含有率（N）（%） | C/N |
|---|---|---|---|---|---|
| 泥炭土 | 5.2 | 22.0 | 12.8 | 0.62 | 20.6 |
| 黑土 | 6.0 | 8.1 | 4.7 | 0.41 | 11.5 |
| 洪积层土 | 5.6 | 4.3 | 2.5 | 0.21 | 11.9 |
| 冲积土 | 6.1 | 4.6 | 2.7 | 0.23 | 11.7 |
| 黏土质冲积土 | 5.4 | 7.1 | 4.1 | 0.34 | 12.1 |

**表 5.8　不同类型土壤产稻米的理化特性**（柳原哲司，2002）

| 土壤类型 | 蛋白质含有率（%） | 直链淀粉含有率（%） | 糊化特性 | 物理特性 |
|---|---|---|---|---|
| | | | 最高黏度（B. U.） | $H/-H$ |
| 泥炭土 | 8.9 | 20.9 | 553 | 4.59 |
| 细粒黄土 | 8.3 | 20.8 | 574 | 4.48 |
| 细粒褐土 | 8.2 | 20.3 | 584 | 4.39 |
| 砾质灰低地土 | 8.2 | 20.7 | 575 | 4.49 |

**表 5.9　不同类型土壤产稻米食味特性**（稻津脩，1988）

| 土壤类型 | 糊化特性 | | 物理特性 | 蒸煮米饭特性 | | |
|---|---|---|---|---|---|---|
| | 最高黏度（B. U.） | 崩解值（B. U.） | $H/-H$ | 加热吸水率（%） | 膨胀容积（$m^3$） | 碘呈色度 |
| 泥炭土 | 347 | 127 | 19.5 | 3.10 | 32.3 | 0.193 |
| 黑土 | 382 | 161 | 13.1 | 2.90 | 30.4 | 0.159 |
| 洪积层土 | 364 | 144 | 13.2 | 2.95 | 31.1 | 0.172 |
| 冲积土 | 360 | 139 | 14.5 | 2.98 | 31.4 | 0.172 |
| 黏土质冲积土 | 348 | 130 | 15.3 | 3.04 | 32.0 | 0.183 |

硅素不足是泥炭土的特征，硅素的作用除能够减轻受精障碍以外，还能通过改善受光态势而促进光合作用和提高根系活性防止叶

片枯萎。在硅素不足的泥炭土上水稻容易发生不结实，同化产物生产量减少，籽粒中淀粉积累量不足，加上泥炭土生育后期地温高，腐殖质分解加剧，土中氮素大量无机化并向籽粒转移，使得稻米蛋白质含有率高，淀粉糊化特性和米饭物理性变差，导致泥炭土产米的米饭黏性减弱而食味下降。

### （二）黑土对稻米理化特性和食味的影响

黑土主要是以火山灰为基础形成的土壤，其特征是虽然排水良好，但它的表层腐殖质多，C/N 高，磷素吸收系数高。关于同一品种在淡色黑土上产米的理化特性，根据与细粒黄土产米、细粒褐土产米及砾质灰低地土产米比较发现，淡色黑土产米比其他土壤产米中的直链淀粉含有率低，而蛋白质含有率高，导致食味下降（图 5.24）。黑土产米蛋白质含有率升高的原因，是其土壤特有的有效态氮素多，以及与泥炭土一样土壤中的氮素在生育后半期无机化并更多地向籽粒转移所致。此外，同一品种直链淀粉含有率与食味综合评价之间并没有一定的关系，不同土壤类型产米的食味受蛋白质含有率影响较大，蛋白质含有率高食味差。对不同品种在黑土上产米的食味比较试验结果显示，直链淀粉含有率与食味综合评价之间呈负相关，直链淀粉含有

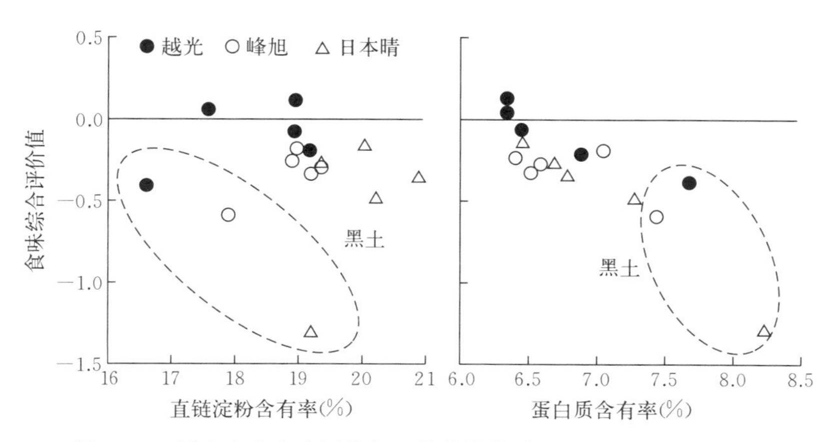


图 5.24　黑土产米食味评价与理化特性的关系（松江勇次，1993）

注：对照为砾质灰低地土产米。

率高的日本晴品种的食味低于其他两个品种。综上所述，同一品种不同土壤类型产米的食味受稻米蛋白质含有率影响，与直链淀粉含有率无关，而不同品种的食味差异主要受直链淀粉含有率影响。

## 四、产地对稻米理化特性和食味的影响

产地是影响稻米食味的重要因素之一，既有稻米食味评价非常高的地域也有稻米食味评价非常低的地域。因此，对于食味评价较低的地域来说，应该尽快解析导致其食味不好的原因，开发确立适合该产地特点的优质食味米生产技术。

食味的产地间差异主要是气候和土壤的差异造成的，下面从气候和土壤两个方面介绍产地间差异产生的原因。关于产地的分布，分为小范围地域（狭域）和大范围地域（广域）。

### （一）狭域的产地间差异

以日本九州地区的丰前市福冈县为例，对在其区域内 111 $km^2$ 内 4 个地区 3 个品种（越光、峰旭和日本晴）的食味进行为期 2 年的试验比较。各地区的特征概况如下：产地 1 属于山地，海拔 135 m，多是细粒黄土；产地 2 和产地 3 为海拔 20～50 m 的平坦地带，其 A 区是细粒黄土，B 区是淡色黑土；产地 4 位于海岸平原地区，其海拔高度 5 m 左右，多为砾质灰低地土。3 个品种总体的食味综合评价的平均值存在显著的产地间差异，即，平坦地 A 区产米的食味最优，其次是山地产米，平坦地 B 区产米食味最差（表 5.10）。从每个品种来看，也有同样的趋势。

**表 5.10 不同产地不同品种食味综合评价**（松江勇次，2014）

| | 产地（土壤类型） | 越光 | 峰旭 | 日本晴 | 3 品种平均值 |
|---|---|---|---|---|---|
| 1 | 山地（细粒黄土） | −0.01 a | −0.28 a | −0.30 a | −0.20 a |
| 2 | 平坦地 A（细粒黄土） | −0.06 a | −0.22 a | −0.22 a | −0.16 a |
| 3 | 平坦地 B（淡色黑土） | −0.48 b | −0.56 b | −0.87 b | −0.63 b |
| 4 | 海岸平原（砾质灰低地土） | −0.31 ab | −0.28 a | −0.32 a | −0.30 ab |

注：数值是 1990 年和 1991 年的平均值。同列不同小写字母表示不同处理间在 0.05 水平差异显著。

3个品种的理化特性平均值也存在显著的地区间差异。蛋白质含有率为平坦地A区最低，平坦地B区最高，其从低到高，与食味综合评价从高到低的顺序一致（图5.25）。直链淀粉含有率则是海岸平原区最低，山地最高。淀粉糊化特性的最高黏度与直链淀粉含有率相反，海岸平原区最高，山地最低。在理化特性与食味的关系方面，蛋白质含有率不分品种及生产年份，与食味综合评价呈显著负相关（表5.11）。直链淀粉含有率、最高黏度及崩解值与食味之间的关系，则因品种和生产年份而不同，并没有一定的规律。总之，蛋白质含有率最高食味最低的平坦地B区的土壤属于淡色黑土，而黑土产米的蛋白质含有率高（图5.24）是导致其食味下降的主要原因。

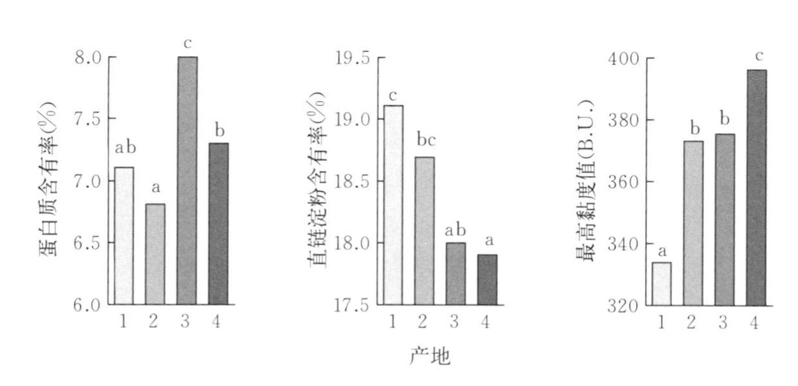


图5.25　不同产地3个品种平均值食味特性（松江勇次，1993）

注：供试品种为越光、峰旭和日本晴。产地1：山地（细粉土颗粒黄土），产地2：平坦地A（细粒黄土）；产地3：平坦地B（淡色黑土）；产地4：海岸平原（砾质灰低地土）。同列不同小写字母表示不同处理之间0.05水平差异显著。

**表5.11　不同年份不同品种理化特性与食味评价的相关性**（松江勇次，2014）

| 品种 | 年份 | 蛋白质含有率 | 直链淀粉含有率 | 糊化特性 | |
|---|---|---|---|---|---|
| | | | | 最高黏度 | 崩解值 |
| 越光 | 1990 | −0.766** | 0.574* | −0.035 | −0.130 |
| | 1991 | −0.571* | 0.194 | −0.167 | −0.144 |

（续）

| 品种 | 年份 | 蛋白质含有率 | 直链淀粉含有率 | 糊化特性 | |
|---|---|---|---|---|---|
| | | | | 最高黏度 | 崩解值 |
| 峰旭 | 1990 | −0.634** | 0.558* | 0.212 | 0.170 |
| | 1991 | −0.688** | 0.581* | −0.230 | −0.138 |
| 日本晴 | 1990 | −0.788** | 0.319 | −0.101 | −0.158 |
| | 1991 | −0.858** | 0.389 | −0.040 | 0.154 |

注：*、**分别表示0.05、0.01水平差异显著（$n$=11～16）。

综上所述，在有限的狭域地区气象差异比较小的情况下，主要是土壤类型决定食味产地间差异，所以，主要是蛋白质含有率决定食味，而其他理化特性对食味的影响较小。

### （二）广域的产地间差异

在产地分布较大的广域地区，除土壤之外气象因素也影响食味。图5.26所示是日本最北端的稻作地带北海道（面积77 982 km$^2$，包括一部分不栽培水稻的地域）15个地域16年平均成熟温度与所产稻米（品种：云母379）蛋白质含有率及直链淀粉含有率之间的相关关系。可以看出，成熟温度和蛋白质含有率之间没有显著的相关关系，而与直链淀粉含有率之间存在显著负相关。正如在高温障碍内容里叙述过的那样，成熟温度越低，与直链淀粉合成相关的酶的活性被促进，使得成熟期间气温低的地域生产出的稻米直链淀粉含有率高，这在北海道的其他品种上也确认得到了同样的结果（稻津脩，1979；稻津脩，1988；武田和义等，1988）。因此，在气象条件严酷的北海道，产地的成熟温度通过直链淀粉含有率对食味影响较大。从图5.3可知，成熟温度在21.3 ℃以下时，温度越低蛋白质含有率越高，但图5.26所示，有4个地域尽管成熟温度在20 ℃以下，蛋白质含有率却低至7.5%左右，表现出了不同的试验结果。

此外，从不同土壤类型比率与蛋白质含有率及直链淀粉的含有率的关系来看，蛋白质含有率与泥炭土比率之间呈正相关，与褐色低地土比率及灰色低地土比率之间呈显著负相关（表5.12），即，

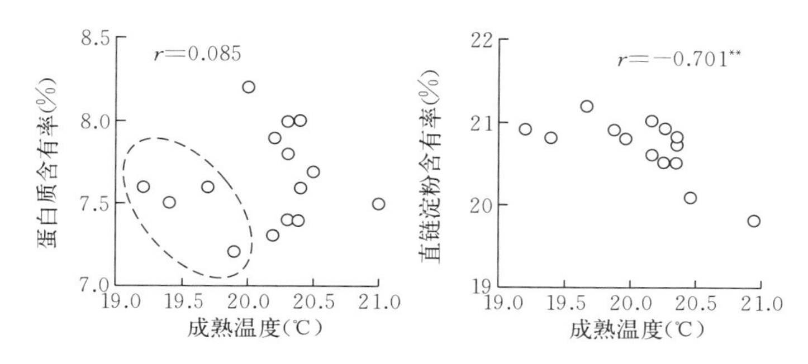


图 5.26　不同产地成熟温度和理化特性的相关性（丹野久，2010）
注：品种为云母 397；**表示 0.01 水平差异显著。

泥炭土分布广，褐色低地土及灰色低地土少的地域生产的稻米，蛋白质含有率高。另一方面，土壤类型比率与直链淀粉含有率无显著相关，即对其产米直链淀粉含有率没有影响。如图 5.26 所示，按照成熟温度划分，蛋白质含有率低的地域有 4 处（虚线圈内），而这 4 处都是泥炭土比率低、褐色低地土或者灰色低地土比率高的地域。这个事实说明，在褐色低地土和灰色低地土多而泥炭土少的地域，即使成熟温度低，蛋白质含有率也并不升高。

**表 5.12　不同产地土壤类型比率和理化特性的相关性**（丹野久，2010）

| | 泥炭土比率 | 褐色低地土比率 | 灰色低地土比率 | 砾质土比率 |
|---|---|---|---|---|
| 蛋白质含有率（%） | 0.785*** | −0.596* | −0.514* | −0.482 |
| 直链淀粉含有率（%） | 0.021 | 0.097 | −0.165 | −0.195 |

注：品种为云母 397。*、***表示 0.05、0.001 水平相关显著（$n$=15）。

对这 15 个地域分蘖期风速与蛋白质含有率关系研究的结果发现，二者呈显著正相关（图 5.27）。水稻移栽后生育初期遭遇强风的地域生产的稻米蛋白质含有率升高。风速与蛋白质含有率之间呈显著正相关，可能是插秧后遇强风的地域秧苗返青不正常，茎数增加缓慢，低位次、低节位分蘖的发生受抑制所致。即，受强风影响的水稻移栽后返青延迟，分蘖出现的节位升高，籽粒千粒重下降，稻米中的蛋白质含有率升高。

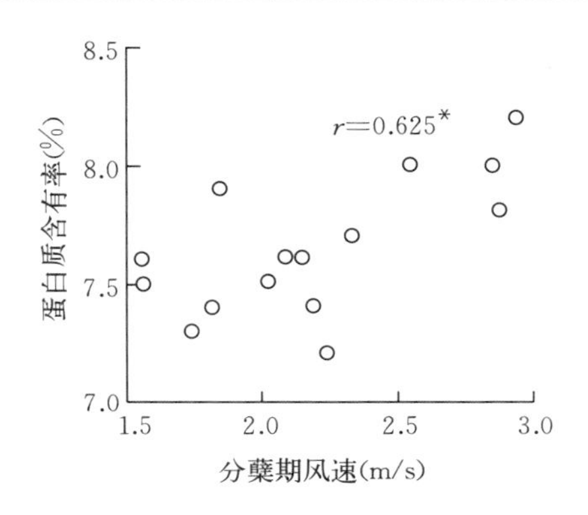


图 5.27 不同产地分蘖期风速与蛋白质含有率的相关性（丹野久，2010）

注：品种为云母 397；* 表示 0.05 水平差异显著。

以上可知，像北海道那样的产稻寒地，因成熟温度低造成的直链淀粉含有率的不同，以及因土壤类型和风速造成的蛋白含有率的差异共同制约着食味水平。

2001—2002 年，对位于日本产稻暖地的九州地区 7 县和中部地区 3 县总共 10 县（面积 61 607 $km^2$）收集到的稻米（品种：日之光）进行食味比较试验，结果显示 2001 年稻米食味的产地间存在显著差异，2002 年却没有出现显著差异（表 5.13），即暖地水稻食味水平在生产年度间的稳定性因产地而有所不同。也就是说，收集食味试验材料的 10 个县中，包括两年间都比较稳定的食味良好的产地 7 和两年间食味不佳的产地 8 或者产地 10，还包括两年间食味平均评价发生逆转的产地 1、3、4 和 9 等（图 5.28）。

**表 5.13 不同产地食味评价方差分析**（松江勇次，2014）

| 要因 | 2001 年 | | | 2002 年 | | |
|---|---|---|---|---|---|---|
| | 自由度 | 均方 | *F* 值 | 自由度 | 均方 | *F* 值 |
| 全体 | 197 | | | 175 | | |
| 产地 | 10 | 0.957 | 2.51** | 10 | 0.389 | 1.56 |
| 误差 | 187 | 0.382 | | 165 | 0.249 | |

注：**表示 0.01 水平差异显著。

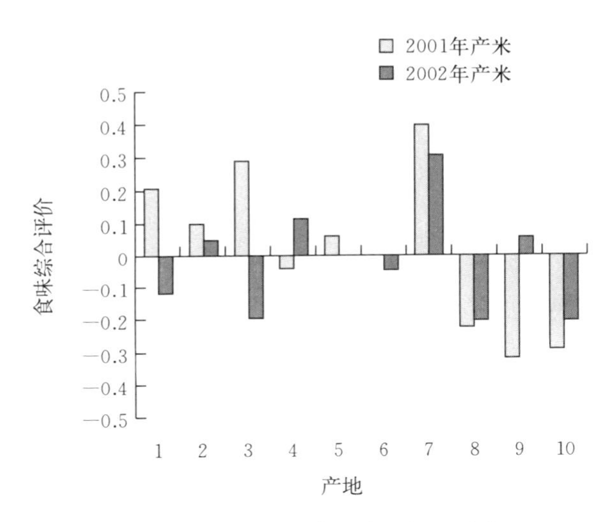


图 5.28　不同产地食味综合评价（松江勇次，1993）

注：品种为日之光，对照是福冈县产越光米。数字代表产地。

理化特性的直链淀粉含有率、蛋白质含有率、$H/-H$，都存在产地间和生产年度间的显著差异，产地和年度的交互作用也是显著的（表 5.14）。这意味着理化特性虽然因产地不同而存在差异，但其变化趋势因生产年度而不同。如前所述，理化特性中蛋白质含有率因品种而异，且受气象、土壤和栽培技术等环境条件影响较大。$H/-H$ 也是受环境条件强烈制约的特性，与其说品种，不如说受氮肥施肥法的影响更大（今林惣一郎等，1999）。另一方面，直链淀粉含有率是品种固有的遗传特性，但是，它受环境条件中成熟温度影响较大。因此，在理化特性方面产地和生产年度间表现出显著的交互作用，这说明关系理化特性的各产地气象条件和栽培条件因年份而不同。即，不同产地食味评价的趋势因生产年份而不同的原因，正是理化特性在年份的变化要比产地间的变化更大所致。这从理化特性的年度间均方值（MS 值）大于产地间均方值（表 5.14），这一点也能得到说明。

**表 5.14 不同产地精米理化特性方差分析**（松江勇次，2014）

| 因子 | 蛋白质含有率（%） | | | 直链淀粉含有率（%） | | | 硬度/黏度比（$H/-H$） | | |
|---|---|---|---|---|---|---|---|---|---|
| | 自由度 | 均方 | $F$值 | 自由度 | 均方 | $F$值 | 自由度 | 均方 | $F$值 |
| 产地（L） | 9 | 0.31 | 46.5*** | 9 | 0.82 | 78.2*** | 9 | 259 | 7.85*** |
| 年份（Y） | 1 | 0.87 | 128.9*** | 1 | 5.78 | 550.1*** | 1 | 12 863 | 389.42*** |
| L×Y | 9 | 0.29 | 42.3** | 9 | 0.49 | 46.2*** | 9 | 299 | 9.05*** |
| 误差 | 20 | 0.01 | | 20 | 0.01 | | 54 | 33 | |

注：**、***分别表示在 0.01、0.001 水平差异显著。

在理化特性中，与各产地米的食味特性呈显著相关的仅有 $H/-H$。图 5.29 所示，$H/-H$ 在生产年度间有很大不同，但是两年各产地 $H/-H$ 与食味综合评价之间均呈显著负相关。

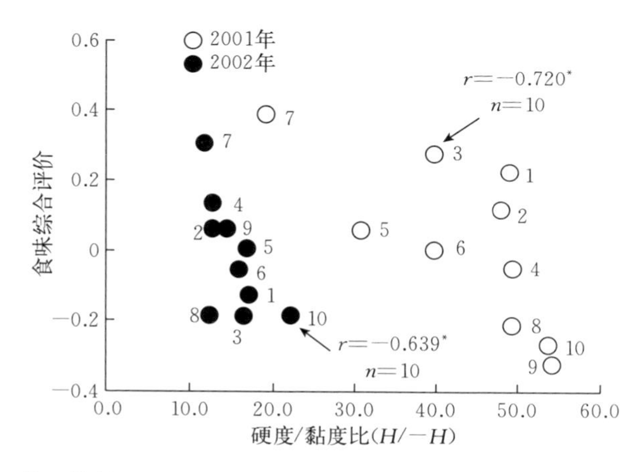


图 5.29 物理特性（$H/-H$）和食味综合评价的相关性（松江勇次，2014）

注：数字代表产地。* 表示 0.05 水平相关显著。

另一方面，不同产地的综合评价与蛋白质含有率、直链淀粉含有率之间不存在显著相关。因此，西日本各地生产的稻米，影响食味的主要因素是 $H/-H$，蛋白质含有率和直链淀粉含有率的差异并没有反应在食味的优劣上。在这里蛋白质含有率之所以与食味无关，是因为各地产米的蛋白质含有率低于第二章所述的优质食米标准 7.0%的稻米较多所致。另外，食味与直链淀粉含有率无关，是因为各产地均分布于暖地，成熟温度差异小对直链淀粉含有率没有影响。与之相反，$H/-H$ 与生产年度、栽培方法及成熟温度无关，却与食味呈一定相关，这恰恰说明 $H/-H$ 可以作为评价食味产地间差异的重要指标。综上所述，这里直链淀粉含有率与食味无关，是因为成熟温度高产地间差异较小的缘故。因此，在产地分布更加广泛的生产地带和北海道那样的寒冷地区，成熟温度差异较大，所以直链淀粉含有率对食味的产地间差异具有较大影响。

# 生产环境与食味

产地的气象条件和土壤条件对水稻食味有很大制约，而这些自然环境基本上是无法人为改变的，但是，人们处在自然环境里可以构筑适合水稻食味要求的良好生产环境。对于优质食味米生产来说，重要的是依靠适当的栽培管理技术，创造出能够最大限度地发挥品种食味潜力的生产环境。

本章将着重论述移栽、土壤改良和施肥管理、水分管理、收获等对理化特性及食味的影响。

## 一、移栽

移栽是水稻田间生产栽培的开始，虽然与最终生产稻米的成分没有直接关系，但是可以通过影响生产发育过程而对食味产生间接影响。移栽时期与成熟温度关系很大，移栽后秧苗成活情况及移栽密度关系到理想株型形成。因此，在优质食味米生产中移栽工作要加以重视。

### (一) 移栽时期

移栽时期早则抽穗早，移栽时期晚则抽穗延迟。因此，通过移栽的早晚影响抽穗期和成熟温度进而影响食味。但是，关于移栽时期与食味的关系有很多研究结果，其中包括：移栽时期越早食味越好(图 6.1)；移栽时期导致的食味优劣变化，因生产年度不同而不同，(表 6.1)；移栽时间早的早期栽培可以提升食味（户仓一泰等，1992)；正常移栽时期的食味最好（伊藤敏一等，1975)；移栽时期与食味无关(林政卫等，1967)；移栽时期与食味的关系，因品种而异（大里久美，

2001）等。关于移栽时期与理化特性的关系，也有很多研究结果，包括：随着移栽时期的推迟，直链淀粉含有率和蛋白质含有率同时升高（图 6.2）；直链淀粉含有率随着移栽时期的推迟而升高，而蛋白质含有率有没有一定变化趋势（表 6.1）；蛋白质含有率随着移栽时期的推迟而升高（松江勇次，1991；大友考宪等，1992；吉永悟志等，1994）；移栽时期越晚，蛋白质含有率越低（须藤健一等，1991；户仓一泰等，1992；近藤始彦等，1994）；移栽时期对蛋白质含有率没有影响（楠谷彰人等，1992；藤泽麻由子等，1995）等。

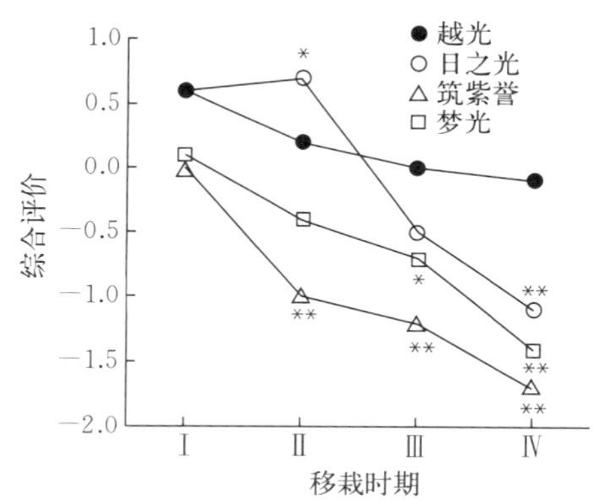


Ⅰ.4月20日移栽　Ⅱ.5月19日移栽　Ⅲ.6月20日移栽　Ⅳ.7月20日移栽

图 6.1　移栽期与食味的相关性（松江勇次，2014）

注：对照是 6 月 20 日移栽的越光。*、**分别表示 0.05、0.01 水平相关显著。

**表 6.1　不同移栽期理化特性及食味**（上田一好等，1998）

| 年份 | 处理 | 移栽时期（月/日） | 蛋白质含有率（%） | 直链淀粉含有率（%） | 食味评价项目 | | | | |
|---|---|---|---|---|---|---|---|---|---|
| | | | | | 综合评价 | 外观 | 味道 | 黏度 | 硬度 |
| 1992 | Ⅰ | 3/31 | 9.0a | 14.1a | 0.40c | 0.28 | 0.08 | −0.04 | −0.12 |
| | Ⅱ | 4/28 | 9.5b | 14.9b | −0.44a | 0.03 | −0.26 | −0.26 | 0.07 |
| | Ⅲ | 5/26 | 9.2ab | 14.7b | 0.27bc | 0.31 | 0.31 | 0.42 | −0.15 |
| | Ⅳ | 6/24 | 9.1a | 17.5c | 0.00b | 0.00 | 0.00 | 0.00 | 0.00 |
| 1993 | Ⅰ | 5/4 | 9.0a | 15.7a | −0.29a | −0.15 | −0.26 | 0.34 | 0.89 |
| | Ⅱ | 6/22 | 9.6b | 18.7b | 0.00a | 0.00 | 0.00 | 0.00 | 0.00 |
| | Ⅲ | 7/13 | 10.7c | 20.1c | −0.29a | −0.29 | −0.40 | −0.07 | −0.34 |

（续）

| 年份 | 处理 | 移栽时期（月/日） | 蛋白质含有率（%） | 直链淀粉含有率（%） | 食味评价项目 | | | | |
|---|---|---|---|---|---|---|---|---|---|
| | | | | | 综合评价 | 外观 | 味道 | 黏度 | 硬度 |
| 1994 | Ⅰ | 4/12 | 8.8b | 15.5a | −0.22ab | −0.12 | −0.43 | −0.32 | −0.03 |
| | Ⅱ | 5/17 | 8.3a | 15.7a | 0.06b | 0.06 | 0.26 | −0.04 | 0.14 |
| | Ⅲ | 6/21 | 8.5a | 16.5b | 0.00b | 0.00 | 0.00 | 0.00 | 0.00 |
| | Ⅳ | 7/18 | 10.0c | 19.6c | −0.57a | −0.04 | −0.53 | −0.99 | −1.05 |
| 1995 | Ⅰ | 4/11 | 8.8b | 14.5a | 0.01ab | −0.17 | 0.20 | 0.42 | 0.86 |
| | Ⅱ | 5/16 | 8.4a | 15.3b | 0.09b | 0.20 | 0.15 | 0.02 | 0.83 |
| | Ⅲ | 6/20 | 8.8b | 17.4c | 0.00a | 0.00 | 0.00 | 0.00 | 0.00 |
| | Ⅳ | 7/18 | 8.7b | 20.3 d | −0.07a | −0.37 | 0.07 | −0.20 | −0.44 |

注：品种为绢光，对照为6月下旬移栽产米。同列不同小写字母表示不同处理之间0.05水平差异显著。

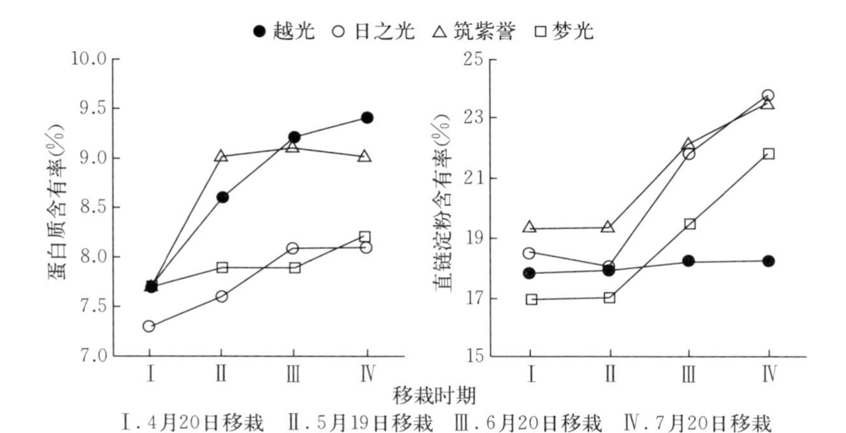


图6.2 移栽期对蛋白质含有率和直链淀粉含有率的影响（松江勇次，2014）

综上所述，移栽时期与食味及理化特性的关系，不同的研究结果也并不一致，其原因是各自移栽时期不同只是按照日历早晚进行比较的。总体来说，移栽时期越早，成熟温度越高；移栽时期越晚，成熟温度越低，多数情况下移栽时期早对于食味米有利，但是当成熟温度过高，则会超过食味所要求的最适温度。可以设想，因当年气象条件不同，有时移栽时期早晚和成熟温度高低也会出现逆转，所以，不能单纯地根据移栽时期早晚来理解移栽期与食味的一般关系。但为了深入了解移栽时期与食味的关系，就必须把移栽时期不同作为产生主要气象因素差异的一个要素进行数据化，并进行定量地科学解析。具体如第五章所述，食味最适成熟温度是 24～26 ℃，所以，首先根据常年气象条件确定适宜成熟温度出现的时期，确保在这个适宜时期抽穗，对气象数据进行解析找到移栽的最佳时期。

根据上述理论，日本香川县曾经在 4 年内连续进行 15 次移栽时期试验，对移栽后 30 d 的平均气温（$X$）与移栽时期到抽穗期的天数（$Y$）的关系进行了解析。结果发现 $X$ 与 $Y$ 之间的关系如下：早熟品种绢光（Kinuhikari）$Y=240\times e^{(-0.0056X)}$，中熟品种日之光（Hinohikari）$Y=165\times e^{(-0.030X)}$，二者呈指数函数关系。因此，把常年（最近 30 年）平均气温值（图 6.3）代入上述指数函数式，进而推算常年不同移栽期的抽穗期，如图 6.4 所示。

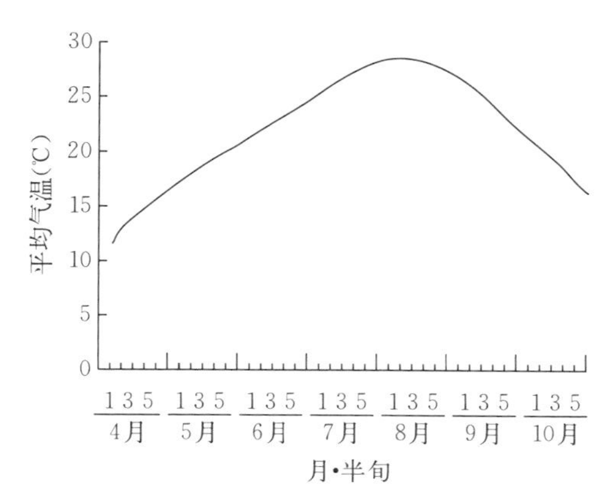


图 6.3 香川县常年平均气温（高松市气象局，2017）

注：常年平均气温指 1981—2010 年的平均气温。

由图 6.4 可知，成熟期不同的绢光和日之光两个品种，其抽穗期的差异是移栽期早的差异小，而随着移栽期的延迟，二者抽穗期差异扩大。也就是说，以日本香川县为例，早期栽培 5 月上旬移栽，环境条件与常年相同的情况下，则绢光在8月初抽穗，日之光在8月10日前后抽穗。常规栽培为6月中旬移栽，则绢光在8月中旬抽穗，日之光在9月初抽穗。因此，若使绢光在8月初抽穗，则5月上旬移栽为好，若使日之光在9月初抽穗，则应在6月中旬移栽为好。这样对移栽期与抽穗期的关系进行量化，再结合成熟温度进行量化解析，就可以建立对于某一品种食味来说最适合的移栽期、抽穗期和收割期相结合的模型。如果再根据这个模型把栽培管理体系化，便可以制定一年的栽培方案。关于抽穗期和收割期二者的关系，将在后面收获内容里论述。

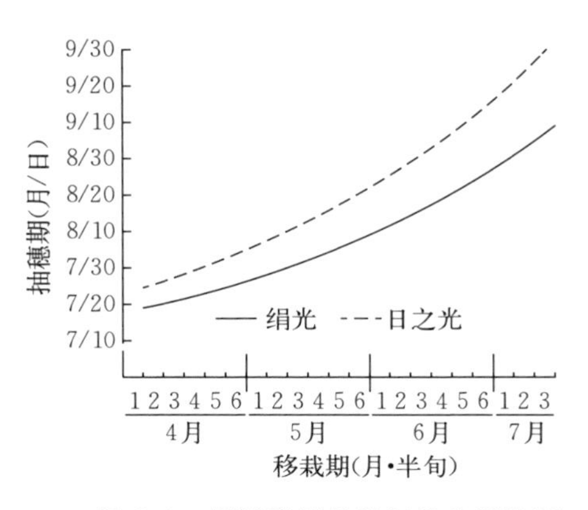


图6.4 根据香川县常年移栽期推断抽穗期（上田一好等，1998）

### （二）秧苗素质

优质食味米栽培，除移栽时期以外，最重要的是建立基于食味的理想株型，即以建立有效茎数比率高、“秆长＋穗长”长的主茎、具有低节位、低位次发生的粗大分蘖和具有二次枝梗着生粒数少的穗型的稻体为基础，来考虑移栽法与食味的关系。

为了使低节位和低位次分蘖稳定发生，首要条件是移栽时秧苗植伤率低和移栽后成活率高。移栽后返青成活晚，则分蘖发生节位上升、籽粒千粒变小、蛋白质含有率升高。所谓优质食味米的移栽方法，就是实现移栽后成活率高的移栽方法。为了促进移栽后秧苗返青成活，重要的是需要培育壮矮、茎叶质量大和充实度（苗茎叶干物重/苗长）高、发根力强的健苗，以及控制适宜的插秧深度（2～3 cm）。为了培育移栽后成活率高的健苗，必须减少播种量、增加幼苗叶龄，科学合理地进行苗床水分和温度管理。同时，避免移栽时发生极端高温和低温，这样则可以促进返青成活，使有效茎数增加，也有利于低节位、低位次的强势分蘖发生，有利于优质食味米的生产。

在抽穗期之后，气温下降快的寒地，移栽的秧苗通过抽穗期的早晚而影响成熟温度。因此，对于寒地移栽秧苗来说，在防止返青延迟的同时还要有效促进水稻抽穗。在这种情况下，即使同一个品种，如果是移栽叶龄大的秧苗，它的抽穗期也会提前。以北海道为例，比较叶龄 4 以下幼苗、叶龄 4～5 中苗及叶龄 6～7 成苗的抽穗期，可以看到差别在 5 d（表 6.2）。在北海道 5 d 的抽穗期差异，因年度不同可出现 2 ℃以上的成熟温度差异。反之，移栽时叶龄太小的秧苗，由于抽穗延迟将无法得到适宜的成熟温度，其生产的稻米最高黏度低（表 6.2），直链淀粉含有率高（图 6.5），食味下降。

**表 6.2　不同类型苗的理化特性**（稻津脩，1988）

| 类型 | 最高黏度（B. U.） | 抽穗期（月/日） |
|---|---|---|
| 成苗 | 513 | 7/26 |
| 中苗 | 506 | 7/27 |
| 小苗 | 466 | 7/31 |

注：供试品种为雪光。

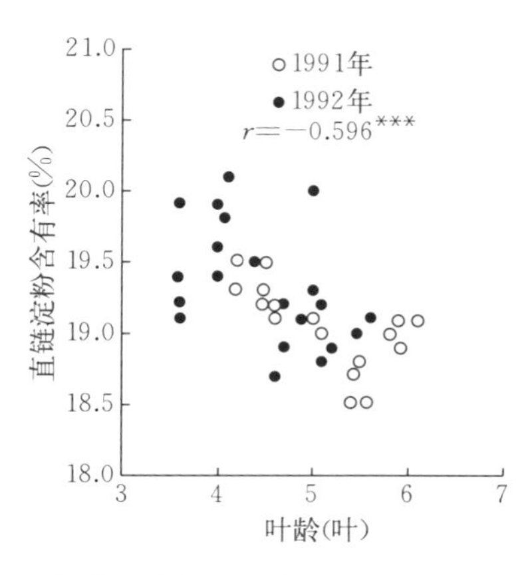


图 6.5　秧苗叶龄与直链淀粉含有率的相关性（五十岚俊成，2010）

注：供试品种为云母 397，***表示 0.001 水平差异显著。

在成熟温度基本充足的暖地，基本不存在因秧苗大小而造成的食味差异，但是也不能避免秧苗类型在寒冷年份，会影响食味。表 6.3 为第五章冷害内容中所述的对 1993 年福冈县秧苗种类与食味关系的研究结果。中苗与幼苗相比，其移栽田产米的米饭外观没有差异，但是中苗田产米米饭的味道好、黏性强、食味综合评价高。这说明叶龄多的中苗比幼苗抽穗期早，因此成熟温度高而使直链淀粉含有率降低，同时，由于中苗抽穗的整齐性好，所以提高了成熟粒比率，千粒重大而使蛋白质含有率降低。因此，不仅在寒地，即使是暖地在气象条件严酷年份秧苗的类型也会影响食味。

**表 6.3　不同秧苗类型对食味的影响**（松江勇次，2014）

| 品种 | 秧苗类型 | 食味感官评价 | | | |
|---|---|---|---|---|---|
| | | 综合评价 | 外观 | 味道 | 黏度 |
| 峰旭 | 中苗 | 0.20c | 0.20c | 0.13c | 0.20c |
| | 幼苗 | −0.47b | 0.07bc | −0.47b | −0.33b |
| 日本晴 | 中苗 | −0.70ab | −0.26ab | −0.50b | −0.50b |
| | 幼苗 | −1.23a | −0.39ab | −1.00a | −0.92a |

注：供试品种为云母 397。对照品种是越光。同列不同小写字母表示不同处理之间 0.05 水平差异显著。

### （三）移栽密度

移栽密度也间接地影响食味。也就是说，在极端稀植的情况下，因为单位面积植株密度小，所以高节位、高位次分蘖发生多，为了补偿单位面积穗数的不足，二次枝梗粒增加。这些高节位、高位次分蘖生产的稻米和二次枝梗谷粒米的千粒重小、蛋白质含有率高、淀粉糊化特性的最高黏度和崩解值小，食味变差。反之，栽培密度越大，单位面积穗数越多，平均每穗获得的氮素量减少，蛋白质含有率降低，直链淀粉含有率也呈下降趋势（表 6.4）。因此，从食味角度考虑，应适当密植避免极端稀植。

**表 6.4　氮素用量及移栽密度对成熟粒比率和理化特性的影响**

（北海道立上川农业试验场，1996）

| 氮素施用量（kg/hm²） | 移栽密度（株/m²） | 成熟粒比率（%） | 蛋白质含有率（%） | 直链淀粉含有率（%） |
|---|---|---|---|---|
| 80 | 20 | 73.8 | 6.37 | 20.4 |
| | 30 | 77.9 | 6.00 | 20.3 |
| | 40 | 71.8 | 5.94 | 20.3 |
| | 50 | 77.4 | 5.88 | 20.1 |
| | 60 | 76.4 | 5.80 | 20.1 |
| 100 | 20 | 63.0 | 6.93 | 20.5 |
| | 30 | 65.7 | 6.71 | 20.2 |
| | 40 | 66.9 | 6.73 | 20.0 |
| | 50 | 65.1 | 6.39 | 20.1 |
| | 60 | 70.1 | 6.37 | 20.0 |
| 120 | 20 | 59.9 | 7.64 | 20.3 |
| | 30 | 61.5 | 6.93 | 20.3 |
| | 40 | 66.9 | 6.82 | 20.1 |
| | 50 | 69.2 | 6.68 | 19.9 |
| | 60 | 67.5 | 6.69 | 19.8 |

## 二、土壤改良和施肥管理

改良土壤和施肥是作物栽培的基本作业。改良土壤是指通过提高排水性、施用有机物和深耕，增强地力以及土壤养分均衡化等维持提高土壤的物理性和化学性机能的技术。施肥是指把作物生长发育所需要的养分，以无机肥的形式施入田间的技术。历来无论是改良土壤还是施肥，都是通过作物正常的生长发育获得高产为目的的技术，而从食味角度考虑改良土壤及施肥也是不可缺少的，特别是稻米食味不良的土壤须进行改良。为提升稻米食味，必须设计适合土壤类型的施肥方法。总之，从食味方面考虑，进行土壤改良和施肥管理的基本目标，就是建立理想株型以确保足够的稻谷粒数，而且防止米粒中氮素吸收过量。

### （一）土壤改良

在泥炭土和黑土上种植的水稻，生长发育后期土壤中无机氮素会大量地转移到籽粒中，使籽粒中的蛋白质含有率增加，食味下降。因此，在这类土壤上要实现食味提升，有效对策就是向土壤中施入含有硅元素的土壤改良材料或客土，以防止土壤中的氮素向籽粒中过多积累，从而降低米粒中的蛋白质含有率。

表 6.5 是在灰色低地土壤水田施用硅肥对稻米食味及理化特性的效果。如果施用二氧化硅（硅酸）64 g/m$^2$ 以上，米粒中蛋白质含有率下降，淀粉糊化特性的最高黏度及崩解值增加，感官评价的味道和黏度得到改善，食味综合评价提高。灰色低地土壤适合生产优质食味米，施用硅肥也会有改善食味的效果。

**表 6.5　硅素施用量对稻米食味及理化特性的影响**（内村要介等，2000）

| 年份 | 硅素施用量(g/m$^2$) | 食味感官评价 | | | | 理化特性 | | | |
|---|---|---|---|---|---|---|---|---|---|
| | | 综合评价 | 外观 | 味道 | 黏度 | 蛋白质含有率(%) | 直链淀粉含有率(%) | 最高黏度(B.U.) | 崩解值(B.U.) |
| 1997 | 0 | 0.00 | 0.00 | 0.00 | 0.00 | 8.3 | 19.1 | 251 | 70 |
| | 32 | −0.06 | −0.19 | −0.06 | −0.13 | 8.4 | 19.1 | 255 | 68 |
| | 64 | 0.19 | 0.00 | 0.19 | 0.06 | 8.1 | 19.2 | 261 | 72 |
| | 96 | 0.19 | 0.00 | 0.19 | 0.06 | 7.9 | 19.1 | 262 | 70 |
| 1998 | 0 | 0.00 | 0.00 | 0.00 | 0.00 | 7.5 | 16.5 | 439 | 242 |
| | 32 | 0.00 | 0.06 | 0.00 | 0.06 | 7.4 | 16.4 | 436 | 253 |
| | 64 | 0.06 | 0.06 | 0.13 | 0.19 | 7.1* | 16.6 | 437* | 278* |
| | 96 | 0.06 | 0.00 | 0.19 | 0.13 | 7.2* | 16.6 | 490* | 283* |

注：* 表示 0.05 水平差异显著。

不适合生产优质食味米的泥炭土水田施用硅肥的效果如表 6.6

所示，每公顷施用10 t混有含水硅酸盐矿物沸石的土壤改良材料，食味水平比不施用区有明显提高，特别是食味好的日之光的食味与作为对照土壤的褐色低地土生产的稻米几乎没有差异。试验表明，无论是适合优质食味米生产的土壤还是不适合的土壤，施用硅肥都可以提高食味，其原因是硅肥的施用可以改善植株受光态势，提高成熟粒比率，增加籽粒中淀粉积累量，从而使蛋白质含有率下降；另外，直链淀粉含有率的高低不受硅肥施用的影响。

**表6.6　沸石改良泥炭土对食味的影响**（松江勇次，2014）

| 年份 | 品种 | 处理 | 食味感官评价 | | | |
|---|---|---|---|---|---|---|
| | | | 综合评价 | 外观 | 味道 | 黏度 |
| 1992 | 日本晴 | 对照 | −0.69 | 0.03 | −0.48 | −0.63 |
| | | 沸石处理 | −0.26* | 0.16 | −0.21 | −0.26* |
| | 日之光 | 对照 | −0.39 | −0.09 | −0.33 | −0.27 |
| | | 沸石处理 | 0.12* | 0.24 | 0.24* | 0.06 |
| 1993 | 日本晴 | 对照 | −0.44 | −0.22 | −0.29 | −0.29 |
| | | 沸石处理 | −0.06* | −0.10 | −0.07 | −0.13 |
| | 日之光 | 对照 | −0.44 | −0.03 | −0.33 | −0.38 |
| | | 沸石处理 | 0.00* | −0.03 | 0.00 | 0.03* |

注：对照为褐色低地土无沸石处理产米；沸石处理为施用沸石处理产米。*表示0.05水平差异显著。

在泥炭土壤水田（每100 g土含有效态硅3.8 mg），施用含有硅素的沙质土壤（每100 g土含有效态硅33.4 mg）或者黏质土壤（每100 g土含有效态硅29.2 mg）的客土，可以提高其产米食味的综合评价（图6.6）。

这种提高食味的效果因客土量的增加而增大，在客土多时效果好。但是，沙质客土和黏质客土的效果没有明显不同，但其效果还是沙质客土好一些（图6.7）。客土能使泥炭土产米的蛋白质含有率下降，是因为硅素供给改善了受光态势，施用客土的泥炭土中有机质含量减少，进而水稻生育后期从下层土壤吸收的氮素受到了抑制。

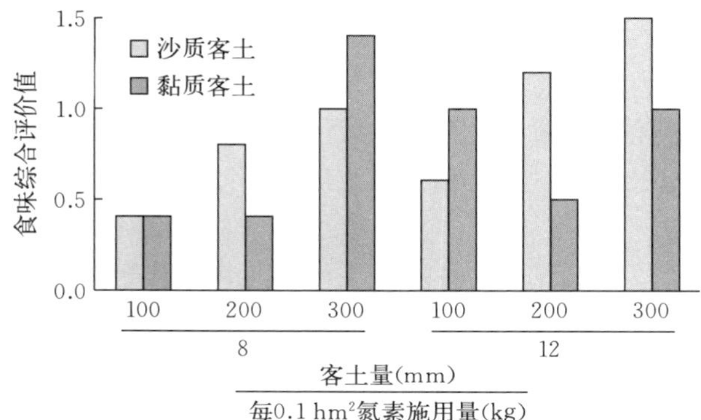


图 6.6　客土改良泥炭土对食味的影响（柳原哲司，2006）

注：对照为无客土产米。

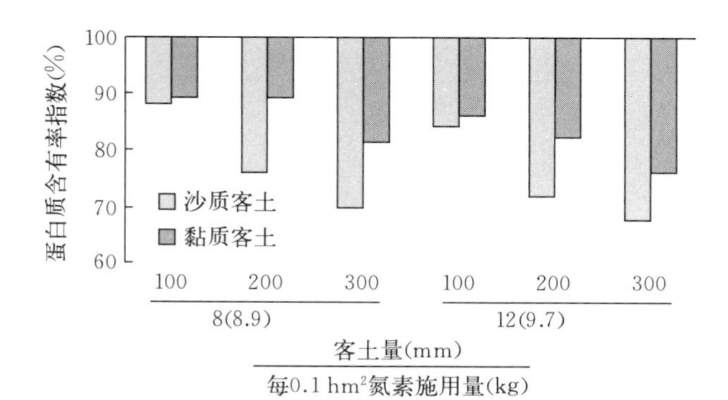


图 6.7　客土改良泥炭土对于蛋白质含有率指数的影响（柳原哲司，2006）

注：蛋白质含有率指数：各处理区蛋白质含有率相对于无处理区的比率（%）；（　）：无处理区蛋白质含有率（%）。

总之，泥炭土壤水田由于排水不良，特别是北部寒冷地区春季融雪水滞留在土壤中，阻碍了土壤氮素的释放，下层土壤的氮素在生育后期无机化并被大量转移到籽粒中，因而提高了所产稻米的蛋白质含有率。在泥炭土水田，融雪后务必要尽早实施土壤干燥作业，通过开沟散墒排除田间融雪滞留水。

### （二）氮素施用量

在栽培管理过程中，氮素施用量及其施肥方法对食味有较大影响。表 6.7 是连续 24 年进行肥料三要素试验水田所产稻米的理化特性比较。蛋白质含有率是氮素缺乏区最低，磷素缺乏区和钾素缺乏区最高。米饭物理性的硬度/黏度（$H/-H$）与蛋白质含有率有相同趋势，而淀粉糊化特性的最高黏度和崩解值则是氮素缺乏区高，缺磷区和缺钾区有减小的趋势。即，与施用三要素肥料的土壤所产稻米相比，无氮素施用土壤所产稻米的理化特性最好，而无磷施用土壤和无钾施用土壤所产稻米的理化特性不好，特别是其蛋白质含有率和 $H/-H$ 都显著升高，但是直链淀粉含有率各试验区之间没有差异。

**表 6.7　肥料三要素对于对稻米理化特性的影响**（稻津脩，1988）

| 处　理 | 蛋白质含有率（%） | 直链淀粉含有率（%） | 糊化特性 | | 物理特性 $H/-H$ |
|---|---|---|---|---|---|
| | | | 最高黏度（B. U.） | 崩解值（B. U.） | |
| 缺乏氮素区 | 6.8 | 23.1 | 399 | 153 | 7.5 |
| 缺乏磷素区 | 8.3 | 23.1 | 314 | 113 | 12.2 |
| 缺乏钾肥区 | 8.3 | 23.1 | 334 | 121 | 11.6 |
| 对照 | 7.7 | 23.1 | 342 | 128 | 9.5 |

通过以上结果可知，与稻米食味相关的主要理化特性随氮素施用量减少而优化，磷钾缺乏则其理化特性变差。但是，在正常栽培条件下，即使增加磷钾肥的施用量，其理化特性也不会提升，因正常栽培时磷钾肥施用量是足够的。另外，微量元素施用对理化特性基本没有影响。可以说对食味有较大影响的元素只有氮。因此，在考虑关乎食味的施肥法时，基本等同于只考虑氮素施肥法。但是，正如此前所述，硅素虽然与食味没有直接关系，但它通过受光态势和干物质生产而影响食味。

关于蛋白质含有率，因为蛋白质是氮素化合物，所以氮肥施用量越少，蛋白质含有率越低。一般来说，蛋白质含有率低则食味好，但也不是蛋白质含有率越低食味越好。蛋白质含有率在 6.0%左右，其高低对食味的影响并不明显，而一旦低于5.5%，则表现出食味下降的趋势（图6.8）。更确切地说，蛋白质含有率越低食味越好是指在6.5%以上的情况下。由此可知，要想达到与越光同等程度的优质食味，蛋白质含有率的目标值应该在7.0%左右（如果以糙米含水率15%换算，应为6.8%）（角重和浩等，1993；岩渕哲也等，2001）。

还有一点必须注意的是，对于食味形成所需要的最适宜氮素施用量，要比产量形成所需要的最适宜氮素施用量略低一些（图6.9）。也就是说，米饭物理特性的$H/-H$，在氮素施用量40～50 kg/hm²时为最低，而产量最高时的氮素施用量则是100 kg/hm²左右，因此对于食味特性来说最适宜的氮素施用量，要比产量最高值时的氮素施用量少30%以上。这样，即使食味再好，势必造成产量减少三成，这样的施肥方法肯定不会被实际农户所接受的，因此，为实现真正意义上的优质食味米生产，需要研究开发出既不降低产量又能提高食味的最佳施肥方法。

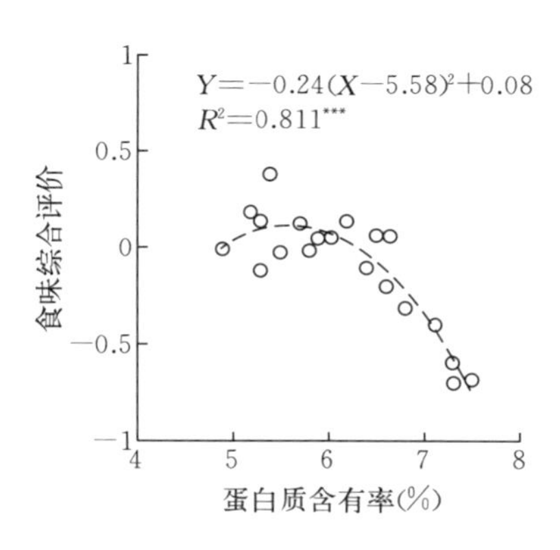


图6.8 蛋白质含有率与食味的相关性（近藤始彦，2007）

注：供试品种为越光。***表示0.001水平差异显著。

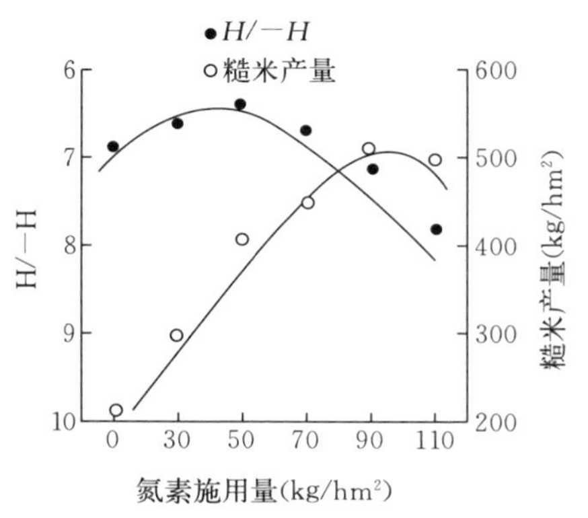


图6.9 氮素施用量与硬度/黏度比（$H/-H$）及糙米产量的关系（稻津脩，1988）

### （三）氮素的糙米生产效率

近年来，有观点认为减少氮肥施用量，可降低蛋白质含有率提高食味。但是，这种由氮素营养不足的稻体生产出的稻米，即便是食味好，也不能说是健全的优质食味米。所谓健全的优质食味米，是指淀粉充分积累于米粒当中，而且充实度高、千粒重大和蛋白质含有率低的稻米。只注重减少氮素施用量、降低蛋白质含有率的被动性施肥法是错误的，而提高成熟能力增加米粒中的淀粉积累量，既不降低产量又能降低蛋白质含有率这一主动性施肥法才是正确的。因此，并不是说氮素吸收量的问题，而是实施有效利用已吸收了的氮素来生产糙米的栽培方法的问题。氮素的糙米生产效率（糙米产量/氮素吸收量）与蛋白质含有率之间呈显著负相关(图 6.10)。如果能提高糙米生产效率，就可以同时实现高产和低蛋白质含有率。总之，提高氮素糙米生产效率的栽培法，就是第四章介绍的创造理想株型的栽培法。

### (四) 施肥管理的基本要求

在施肥法中，基肥与理化特性的优劣几乎没有相关性，而追肥对理化特性有较大影响。如图 6.11 所示，可以看出幼穗形成期追肥与幼穗形成期 7 d 后追肥，对蛋白质含有率和淀粉最高黏度是有影

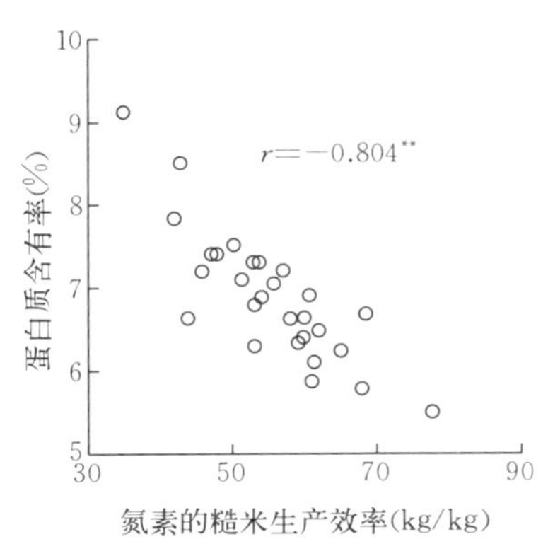


图 6.10　氮素糙米生产效率与蛋白质含有率的相关性

(稻津脩，1988)

注：**表示 0.01 水平差异显著。

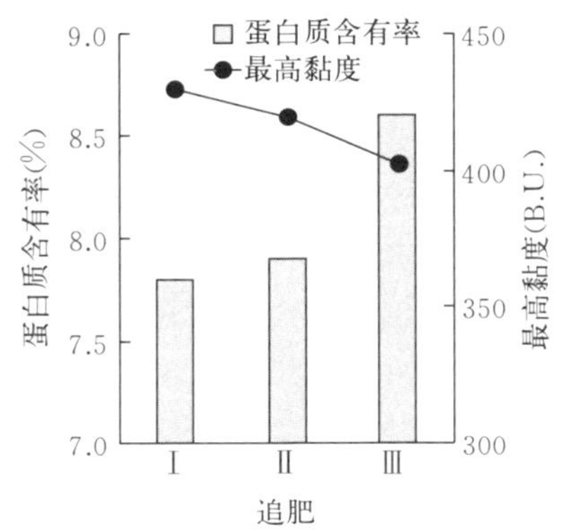


图 6.11　追施氮素对蛋白质含有率和最高黏度的影响

(稻津脩，1988)

Ⅰ. 无追肥　Ⅱ. 幼穗形成期追肥

Ⅲ. 幼穗形成期 7 d 后追肥

响的，追肥导致蛋白质含有率上升，使最高黏度下降。而在幼穗形成期 7 d 后追肥的影响程度大于幼穗形成期追肥。保证在幼穗形成期之前旺盛吸收基肥氮素，能够确保形成产量的稻体之后，从剑叶期开始基肥肥效结束这样的施肥法是适合优质食味稻米生产的。

作为有利于生育的施肥法，侧条施肥或表层施肥都是有效的。侧条施肥或表层施肥不仅比全层施肥的稻米蛋白质含有率和 $H/-H$ 低、最高黏度和崩解值大、食味升高，而且籽粒成熟比率提高，结果氮素的糙米生产效率升高产量也增加（表 6.8）。

**表 6.8　施肥方法对产量和理化特性的影响**（稻津脩，1988）

| 处理 | 产量 (g/m²) | 籽粒成熟比率 (%) | 蛋白质含有率 (%) | 直链淀粉含有率 (%) | 糊化特性 | | 物理特性 $H/-H$ |
|---|---|---|---|---|---|---|---|
| | | | | | 最高黏度 (B.U.) | 崩解值 (B.U.) | |
| 侧条施肥 | 382 | 63.6 | 8.1 | 23.1 | 411 | 120 | 7.9 |
| 表层施肥 | 361 | 65.3 | 7.8 | 23.0 | 409 | 115 | 7.6 |
| 全层施肥 | 360 | 61.6 | 8.9 | 23.1 | 375 | 95 | 10.2 |

侧条施肥和表层施肥对直链淀粉含有率基本没有影响，但是侧条施肥促进移栽后返青成活和前期生长发育，所以低节位发生的分蘖增加，有利于形成理想株型。因而，在气象条件严峻的寒地或土壤条件不良的地区，侧条施肥法是一项可以同时实现产量增加和提高食味的实用技术。

### （五）幼穗形成期的营养诊断

如图 6.11 所示，幼穗形成期追肥对理化特性影响并不大，而其他时期如抽穗期前 15 d 追肥则提高蛋白质含有率（长户一雄等，1972；堀野俊郎等，1993；塚本心一郎等，1995），但抽穗期前 20～25 d 追肥蛋白质含有率不提高而产量增加（高桥真二，1992）。为此，可以认为当预测籽粒数不足无法获得足够的产量的情况下，有必要在基肥肥效中断时的幼穗形成期追肥。水稻生产过程中是否需要追肥，要根据当时稻体营养诊断决定，即，根据幼穗形成期营养诊断值（株高×茎数×叶色值）可以高精度地预测籽粒数，通过营养诊断判断籽粒数不足时就必须考虑实施追肥。另外，幼穗形成期叶色值与精米蛋白质含有率呈显著正相关（图 6.12），即，虽然有像大濑户（Ooseto）品种那样的同等叶色程度，蛋白质含有率比其他品种高，但是同一个品种则可以根据叶色深浅预测其蛋白质含有率。因此，为实现高产和食味同时提升，需综合考虑营养诊断和叶色诊断，设计出在蛋白质含有率不过高范围内而确保适当粒数的施肥方法。

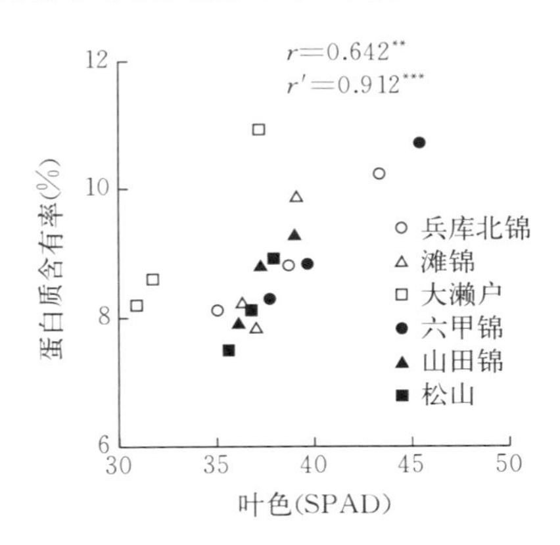


图 6.12　剑叶叶色与蛋白质含有率的相关性（中村承祯等，1996）

注：$r'$：除大濑户以外的供试品种的相关系数。**、***分别表示 0.01、0.001 水平差异显著。

### (六) 幼穗形成期单位面积（$m^2$）籽粒数预测法

如上所述，虽然强烈制约品质和食味的产量构成要素是成熟粒比率和千粒重，但每平方米粒数（每平方米穗数×每穗粒数）对产量影响很大。从产量构成要素来看，对产量和品质影响最大的是每平方米粒数。每平方米粒数的预测诊断方法：第一，调查记录各种栽培条件下稻株幼穗形成期的株高、茎数和叶色值及其在成熟期的每平方米粒数；第二，根据幼穗形成期记录的株高、茎数和叶色值计算营养诊断值（株高×茎数×叶色值），再绘制营养诊断值与成熟期籽粒数的相关图，结果可以发现，幼穗形成期营养诊断值与成熟期籽粒之间呈显著正相关，即，粒数（$Y$）和营养诊断值（$X$）之间的 $Y=aX+b$ 直线回归式成立。因此，如果确定了某一品种在当地栽培幼穗形成期与成熟期籽粒数的上述回归方程式，就可根据幼穗形成期的株高、茎数和叶色值预测出成熟期的每平方米粒数，如果预测发现每平方米粒数达不到预计产量的粒数，这个时期（幼穗形成期）追肥就可以增加粒数提高产量。但是，值得注意的是这个回归式必然因品种而异，必须对每一个品种进行这种回归式（标准曲线）的计算。

## 三、水分管理

稻田水分管理是一项调整水稻生长发育和养分吸收、维持健全根系发育的重要田间作业，它对水稻产量和外观品质及食味有很大影响。作为优质食味米生产的田间水分管理方法，本节以抽穗期前水分管理和抽穗期后水分管理分别讨论。因为抽穗期前和抽穗期后水分管理着眼点不同，抽穗期前水分管理目标是理想株型稻体的基础建造，而抽穗期后水管理目标是维持稻体的适宜水分。

### （一）抽穗期前水分管理

对于优质食味米生产来说，抽穗期前水分管理尤其重要，即在最高分蘖期前后停止灌水实施晒田到稻田土壤表面出现龟裂再行灌水。在最高峰分蘖期前后进行充分晒田，可以向土壤中供给氧气，使还原状态得到改善，同时，也可以控制无效分蘖发生、抑制植株徒长。从而提高根系活力、增加有效茎比例、防止节间过度伸长和倒伏，这与形成理想株型紧密相关。

### （二）抽穗期后水分管理

抽穗期后水分管理重点是要防止早期断水，直到抽穗期后30～35 d实行间歇灌水。所谓间歇灌水，即每隔 4～5 d 进行一次排水和灌水的水分管理，以保持土壤水分在 pF1.5 左右（1.3～1.8）。通过抽穗期后间歇灌溉，可以维持植株体内正常水分，保持根系旺盛吸水能力和叶片光合作用，从而抑制籽粒含水率下降、回避成熟中断现象发生。也就是说，通过适宜间歇灌溉维持根系吸水活力的同时，可以防止水稻植株源和库机能的减退。进行间歇式灌溉栽培生产的稻米，比长期淹水栽培生产的稻米米饭外观、气味都好，且味道好，黏性强，食味综合评价高（表 6.9）。

**表 6.9 抽穗期后间歇灌溉对食味的影响**（九州农业试验场，1973）

| 年份 | 处理 | 食味感官试验评价 | | | | | |
|---|---|---|---|---|---|---|---|
| | | 综合评价 | 外观 | 气味 | 味道 | 黏度 | 硬度 |
| 1971 | 间歇灌溉 | 0.625* | 0.666* | −0.042 | 0.417* | 0.458* | −0.083 |
| 1972 | 间歇灌溉 | 0.125 | 0.125 | 0.250* | 0.000 | 0.250* | 0.333 |

注：供试品种为灵峰，对照为长期淹水灌溉产米。* 表示 0.05 水平差异显著。

日本优质食味米生产的大区划水田和大规模稻作农业生产法人的水田，也有采取饱水栽培的。饱水栽培是指到抽穗后 20～30 d，水田表面土壤水分维持饱和状态（土壤水分在 pF1.0 以下）的水分管理技术，它比长期淹水栽培产米饭黏性强、软弹，食味综合评价高（表 6.10）。饱水栽培与间歇灌溉栽培相比，差异虽然不显著，但是前者的食味综合评价值高，而对于饱水栽培的节水效果，不如间歇灌溉栽培好。

**表 6.10 饱水灌溉对食味的影响**（松江勇次，2018）

| 处 理 | 外观 | 饭香 | 味道 | 黏度 | 硬度 | 综合评价 |
|---|---|---|---|---|---|---|
| 间歇灌溉 | −0.04a | 0.00a | −0.15a | 0.08ab | 0.23a | −0.08ab |
| 饱水灌溉 | 0.08a | 0.12a | 0.08a | 0.20b | 0.08a | 0.20b |
| 长期灌溉 | −0.23a | −0.08a | −0.12a | −0.16a | 0.58b | −0.31a |

注：供试品种为越光。对照是长期淹水灌溉产越光米。同列不同小写字母表示不同处理之间 0.05 水平差异显著。

### （三）水分管理的基本要求

由上可知，优质食味米生产的水分管理，可以理解为最基本的是抽穗期前晒田和抽穗期后间歇式灌溉及饱水栽培。也就是说，依靠抽穗期前的晒田和抽穗期后的间歇式灌溉以及饱水栽培这样周到的水分管理，可使米粒中蛋白质含有率降低（图 6.13），正如前所述，感官试验的食味评价值提高（表 6.9、表 6.10）。

关于稻田水分管理时灌溉水的温度，如果温度太低则蛋白质含有率升高，造成食味变劣，这一点必须注意。

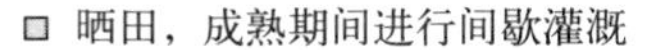

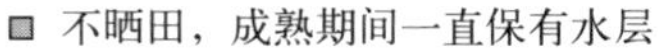

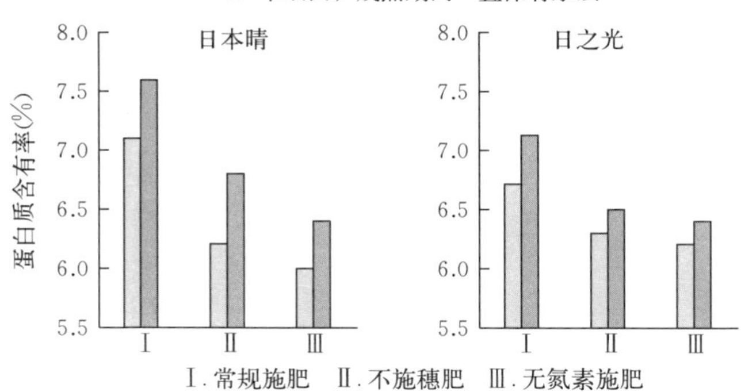


图 6.13 水分管理与蛋白质含有率的关系（松江勇次，2014）

## 四、收获

收割相关的主要因素也与移栽一样对食味影响很大，但是移栽是通过成熟期间温度和移栽后返青影响食味，而收获主要是通过稻谷及糙米水分状况制约食味。

### （一）收割时期

关于收割时期与食味的关系，以成熟期为对照，收割过早或过晚，食味水平都会降低（图 6.14）。

收割时期过晚降低食味的程度存在品种间差异，如图 6.15 所示，晚收割与食味的关系存在 4 种情况：第一，食味好而且因晚收割食味下降幅度小的品种，食味好稳定型品种（A 类）；第二，食味虽然好但是因为收割晚导致食味大幅度下降，食味好不稳定型品种（B 类）；第三，食味不好而且因为晚收割食味下降大品种；食味不好不稳定型品种（C 类）；第四，食味不好但因为晚收割食味基本不变的品种，食味不好稳定型品种（D 类）。上述品种类型当中，最希望的当然是食味好稳定型 A 类品种。不同品种对晚收割的食味反应不同这一事实，恰恰是今后从食味角度设定适宜收割期和优质食味品种选育的重要理论依据。

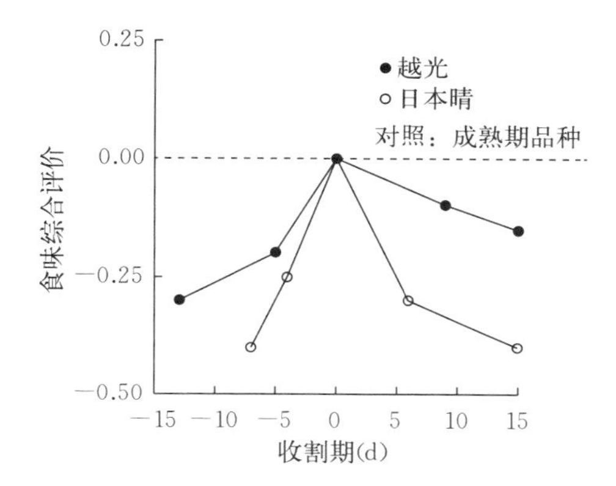


图 6.14　收割期与食味的关系（松江勇次，2014）

注：收割期以成熟期为对照处理。

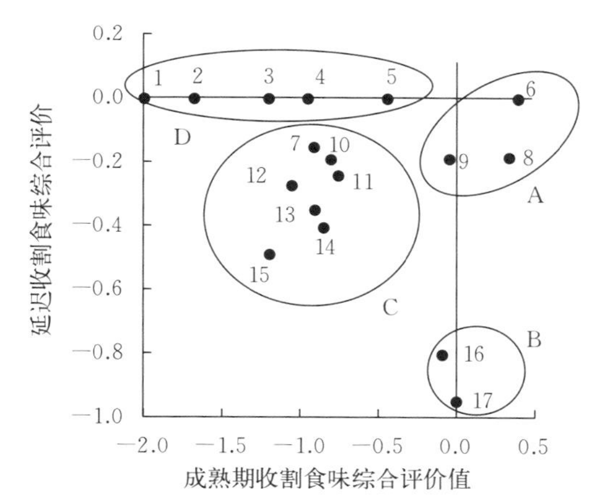


图 6.15　成熟期收割与延迟收割食味的关系（松江勇次，2014）

注：对照为成熟期收割的越光米。延迟收割为成熟期 15 d 后收割。

供试品种：1. 筑后锦　2. 锦誉　3. 西海 190 号　4. 四日结实　5. 中部 68 号　6. 绢光　7. 碧风　8. 日之光　9. 越光　10. 爱知之香　11. 早丰　12. 筑紫誉　13. 黄金晴　14. 日本晴　15. 灵峰　16. 峰旭　17. 梦光

收割时期可导致稻米理化特性变化，蛋白质含有率和直链淀粉含有率因收割时期提前而升高，因收割时期推迟而降低（图 6.16）；淀粉糊化特性的最高黏度随收割时期提前而降低，反

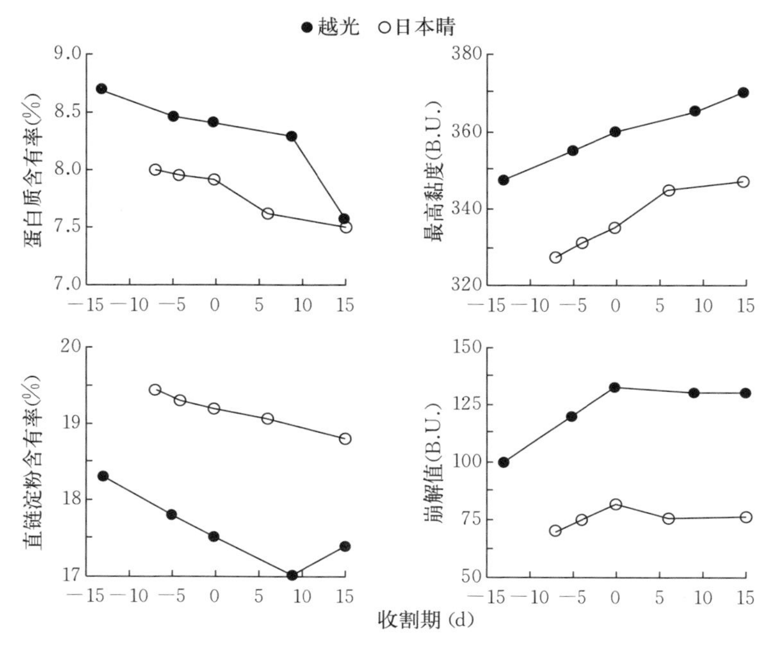


图 6.16 收割期对理化特性的影响（松江勇次，1993）

注：收割期处理，以成熟期为对照。

之升高；淀粉糊化特性的崩解值则是早收割者低，成熟期以后晚收割者基本没有变化，倒是晚收割的崩解值有下降的趋势。成熟期前早收割的稻米食味，与蛋白质含有率及直链淀粉含有率呈负相关，与最高黏度及崩解值呈正相关。但是，成熟期以后收割的稻米食味，与理化特性之间无关。因此，虽然早收割食味下降是因为理化特性不良所致，但晚收割食味下降则不是来自于理化特性的变化。成熟期后收割稻米食味变差的原因是随着糙米水分下降导致了食感劣化所致，关于糙米水分和食味的关系将在后面介绍。

### （二）适宜收割时期的推定

以日本为例，水稻栽培的成熟期（收割适宜期），是在稻谷变黄粒比率为85％～90％、抽穗后积温在1 000 ℃左右的时候，但是这些标准主要是从糙米外观和产量角度确定的收割适宜期。基于食味的适宜收割期，第五章里已经介绍在成熟温度 24～26 ℃食味最好，而这个温度正是抽穗后 35 d 温度平均值。如果把成熟温度 24～26 ℃换算成积温，则是 840～910 ℃。值得一提的是，这个积温要比外观品质和产量要求的积温低，如果按日数计算则相当于相差 4～5 d。根据上述情况综合考虑品质、产量和食味的收割适宜时期应该在抽穗后积温 900～1 000 ℃更为妥当。

积温是累计计算温度期间的日数与每日平均温度的乘积，从抽穗期到收割适宜期的积温设定为 950 ℃的情况下，其间的日数（$Y$）×期间的日平均温度（$X$）＝950 ℃的关系式成立。即，$X$ 和 $Y$ 之间的关系可以用 $Y=950/X$ 表示。因此，即使积温同样是 950 ℃，因为抽穗期越晚抽穗后平均温度越低，达到收割时期适宜期的时间就越长。以日本香川县为例，常年气温变化图 6.3 为基础，把抽穗后 35 d 的平均气温代入此函数式，就可以推算出香川县不同抽穗期的适宜收割期（图 6.17）。如图 5.1 所示，因为食味的适宜成熟温度所有品种几乎相同，所以，收割适宜期不管品种成熟期早晚都可以根据这个图示进行推算。即，如果是近似常年的气

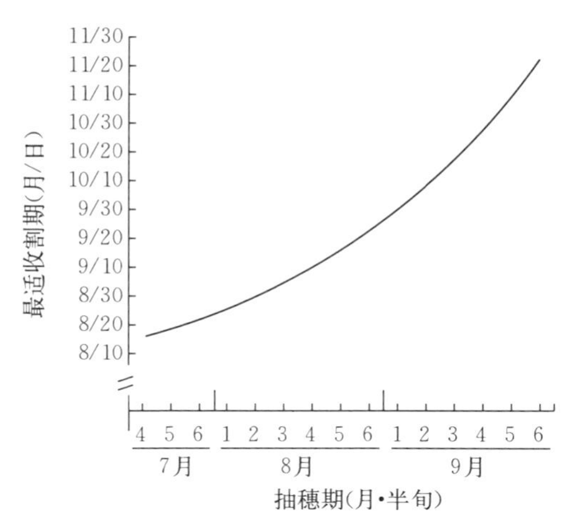


图 6.17 香川县常年最适收割期（上田一好等，1998）

象条件，所有在8月初抽穗的品种将在8月下旬积温达到950℃左右，8月中旬抽穗的将在9月中旬，9月初抽穗的将在10月10日前后，此时收割对于产量和食味来说都是最理想的。在前面移栽时期的内容里介绍了早熟品种绢光（Kinuhikari）进行早期栽培如果5月上旬移栽的8月初抽穗，普通时期栽培的6月中旬移栽将在8月中旬抽穗，据此可得，绢光早期栽培时5月上旬移栽—8月初抽穗—8月下旬收割，普通期栽培6月中旬移栽—8月中旬抽穗—9月中旬收割，如此进行优质食味米生产的计划栽培是可行的。中熟品种日之光（Hinohikari）在6月中旬移栽9月初抽穗，所以，6月中旬移栽—9月初抽穗—10月10日前后收割，则可以收获到优质食味米。

### （三）糙米水分变化

在实际生产上，因收割时期过晚而导致的食味下降，主要是受糙米水分的影响。抽穗后糙米水分对食味的影响过程如下：成熟期间在籽粒中合成淀粉，对于这种合成所需要的能量依靠于谷粒的呼吸作用提供。但是由于抽穗期过后根系的吸水能力衰退，导致籽粒含水率逐渐减少，伴随籽粒呼吸作用受到障碍，它所产生的能量也逐渐减少，因为呼吸量不足，不能充分提供淀粉合成所必需的能量进而导致成熟进程中断。另外，和稻谷含水率降低同步进行的是糙米水分减少，胚乳细胞的活力开始下降。因此，如果收割过晚，则糙米因水分不足而导致胚乳细胞壁崩溃，米饭的物理特性劣化，$H/-H$ 升高。结果如第五章所述的与心白米及泥炭土产米一样，其米饭黏性和弹性减弱，米饭黏乎乎的食感变劣食味变差。

图6.18为抽穗期后糙米千粒重和穗含水率的变化曲线。抽穗后38～39 d成熟进程中断，千粒重不再增加。

水稻产量构成要素中的穗数和每穗粒数在抽穗期之前就已确定，所以在千粒重的增加停止后，即使延期收割产量也不会增加。图示的另一个重要问题就是千粒重增加停止时，稻谷含水率约为25%。因稻谷含水率与糙米含水率基本一致，所以这个图示意味着稻谷含水率在25%以下时，产量不再增加但糙米水分开始减少，米饭物理特性开始变差。因此，认为延迟收割能增加产量的想法是

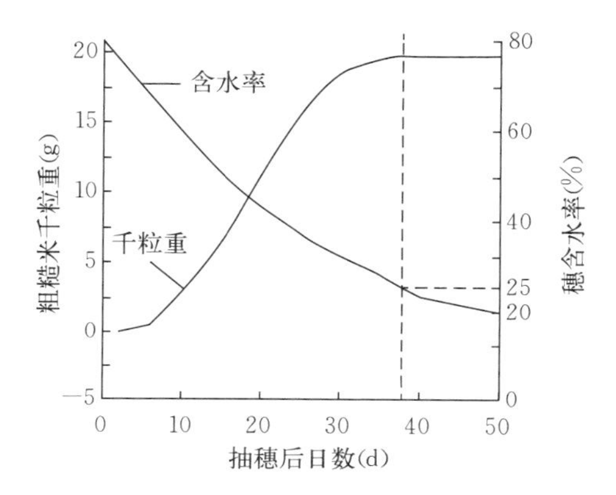


图 6.18　抽穗后糙米千粒重和穗含水率变化（津野幸人，1973）

错误的，如果错失适宜收割期，不但产量不能增加反而还会导致糙米品质和食味的下降，充分理解这一点非常必要。综上，在糙米含水率25%时收割，无论从产量还是从食味角度考虑都应该是最佳的。

根据食味判定适宜收割期，稻谷含水率是极其重要的指标。千粒重停止增加而稻谷含水率为 25%的时期正好是抽穗后38～39 d，与日本香川县历年的 9 月平均气温为 24.3 ℃ 的乘积是923～948 ℃，这与前述推测适宜收割期的积温基本是一致的。无论是以积温确定适宜收割期，还是以糙米水分确定收割适宜期都是基本相同的。因此，测定糙米水分指标比记载抽穗期之后每天积温来判断适宜收割期的方法更为简便，农户也最容易使用的方法。

## 五、优质食味米生产技术体系

综上所述，优质食味米生产栽培技术要点可概括为 5 个原则：第一，确保食味需要的成熟温度；第二，创建基于食味的理想株型；第三，防止籽粒吸收多余氮素；第四，长期保持谷粒中的水分；第五，保证适宜的收割时期。首先，确保对于食味适宜的成熟温度（25 ℃左右），生产出对于食味适宜理化特性的稻米，即，要生产出淀粉糊化特性好的黏度高和崩解值大、米饭物物理特性 $H/-H$ 小，直链淀粉含有率低而且支链淀粉的短链/长链比高和蛋白质含有率低的稻米。但是，在成熟温度 25 ℃时食味的温度反应进入转换点，在此温度以上时支链淀粉的短链/长链比开始下降，蛋白质含有率及 $H/-H$ 转为上升，所以理化特性变差。其次，生产出有效茎数比例高、“秆长＋穗长”长的主茎、低节位低位次发生粗的分蘖和二次枝梗着生粒少的穗型的理想株型，提高成熟性使同化产物生产量和淀粉积累量增多。由此获得千粒重大、粒的厚度大、籽粒充实度大的糙米，即，基于理想株型生产的稻米应该是淀粉糊化特性和米饭物理特性优、蛋白质含有率和直链淀粉含有率低的。但是，最重要的是控制氮素用量不要超过需要量，但又要防止稻体氮素营养不足。为此，有效利用稻体所吸收的氮素生产糙米，关键在于建立起提高氮素糙米生产效率的植株态势，提高维持抽穗期以后根的吸水能力，以持续进行旺盛的叶片光合作用，长时间保持成熟期间的稻谷含水率。这样，由于避免了糙米水分不足导致的胚乳细胞壁崩溃，便可以控制煮饭时的食感变差防止食味下降。确保适宜的收割时期在 5 个原则中特别重要，因为收割时期如果不对将会影响其他 4 个原则对食味的效果。例如，收割时期如果太早表现食味成分不良，而收割时期过晚则稻谷水分减少胚乳细胞活力下降。如果不严守适宜收割期则无法构筑综合 5 个原则的栽培管理体系。因此，为实现优质食味米生产，必须以上述 5 个原则为核心建立栽培管理体系。

根据 5 个原则具体的栽培管理技术如下：适合于优质食味米生产的合理移栽的作用，在于适宜移栽时期的确定可以较大程度保证理想的成熟温度，以及实现与形成理想株型相关的促进返青成活。从土壤改良角度考虑，目标是要控制不良土壤生产稻米蛋白质含有率的上升，一般来说，有效的办法是向土壤中施用含有硅成分的硅肥或者采取客土的办法。从施肥方法来看，要在防止幼穗形成期以后氮素过量吸收的同时，确立有利于获得适宜粒数为目标的追肥方法，所以，必须在实施侧条施肥提高氮素糙米生产效率的同时，制定基于营养诊断的追肥计划。田间水分管理目的是创造奠定理想株型的基础条件和防止糙米水分下降，所以有效的方式是抽穗期前晒田和抽穗期后间歇式灌溉及饱水栽培。收获方面最关键的是收割时期，收割的适宜时期可以通过稻谷含水率和抽穗后的积温进行判定。

但是，也不要期待通过单独实施了某项措施就能收到很大的效果。重要的是要把个别技术要素有效组装建立栽培技术体系如图6.19所示，综合建立生产优质食味米的生产环境。还有包括除草和病虫害防除等也是重要的栽培管理措施，这些内容将在第七章的有关内容里叙述。

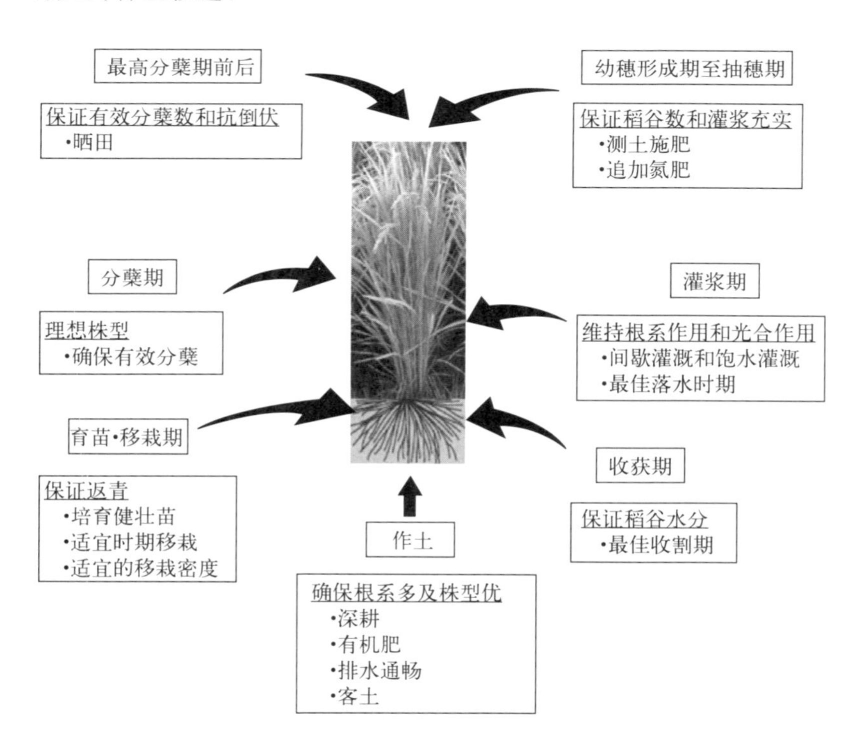


图6.19　优质食味米生产配套栽培技术体系（松波寿典等，2016）

# 第七章 栽培法与食味

近年来，在水稻栽培上省工低成本生产的直播栽培、注重食品安全和减轻环境负荷的有机栽培、以节约水资源和高效用水为目的的节水栽培等栽培方式不断出现，依靠这些栽培法如果能够生产出优质食味米，其附加值将进一步提高。但是，这些新兴栽培法与食味关系的研究还很少。

本章主要讨论直播栽培、有机栽培及节水栽培生产稻米的食味和理化特性，并以此为基础论述在食味方面品种和栽培环境的相互作用及优质食味米生产的栽培法。

## 一、直播栽培

直播栽培由于省略了播种育苗和移栽环节，可以大幅度节省劳动力和减少生产成本。因此，直播栽培对于从事农业人口减少和农业从业人口老龄化，以及今后大规模稻作经营来说是值得期待的技术。

直播栽培大致可以分为水直播栽培和旱直播栽培，之前有关研究都是围绕这两种直播栽培的出苗成活、倒伏和产量等为主要课题进行研究，而关于直播栽培对食味影响的研究很少。因此，下面以移栽栽培为对照论述这两种直播栽培米的食味及理化特性。

### （一）水直播栽培

1994 年采用 9 个品种，1995 年采用 11 个品种，试验比较水直播栽培和普通移栽两种栽培方式所产稻米的食味。结果发现，全部品种的平均食味综合评价都是水直播栽培米高于移栽米，1995 年存在 0.01 水平差异显著，如表 7.1 所示。另外，移栽米食味综合评价和水直播栽培米食味综合评价之间存在显著正相关，移栽米食味评价高的品种在水直播栽培情况下食味评价也高（图 7.1）。

**表 7.1　水直播和移栽对稻米食味及理化特性的影响**（尾形武文，1997）

| 年份 | 处理 | 食味综合评价 | 蛋白质含有率（%） | 直链淀粉含有率（%） | 最高黏度（R. V. U） | 崩解值（R. V. U） |
|---|---|---|---|---|---|---|
| 1994 | 水直播 | 0.27 | 7.2 | 18.7 | 449 | 188 |
| | 移栽 | 0.16 | 7.0 | 19.1 | 415 | 169 |
| | 方差分析 | ns | ns | ** | ** | ** |
| 1995 | 水直播 | 0.50 | 7.8 | 18.8 | 392 | 168 |
| | 移栽 | 0.30 | 7.6 | 19.1 | 383 | 161 |
| | 方差分析 | ** | ns | ** | * | ** |

注：直播即水直播。数值是图 7.1 品种的平均值。食味评价对照是移栽的日本晴。ns 表示无显著差异，*、**分别表示 0.05、0.01 水平差异显著。

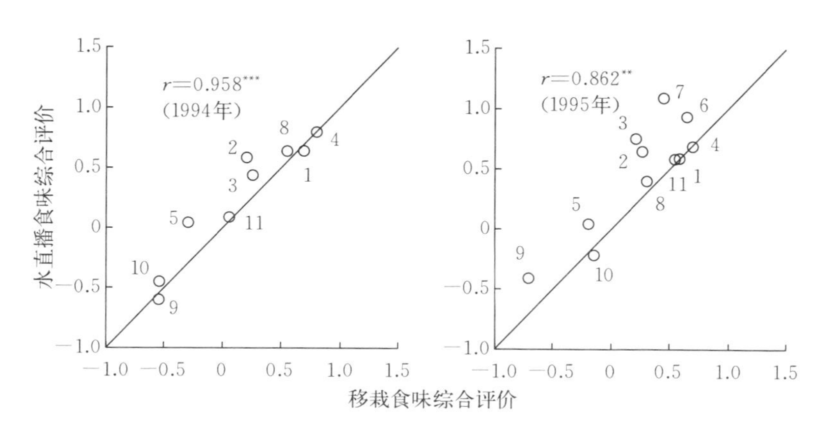


图 7.1　水直播和移栽食味综合评价的相关性（尾形武文，1997）

注：对照是各年移栽栽培的日本晴。**、***分别表示 0.01、0.001 水平差异显著。

1. 越光　2. 绢光　3. 峰旭　4. 梦筑紫　5. 日本晴　6. 微笑（仅 1995 年供试）7. 筑紫 15 号（仅 1995 年供试），8. 日之光，9. 筑紫誉，10. 灵峰，11. 梦光

水直播栽培米全品种平均直链淀粉含有率低于移栽栽培米，淀粉糊化特性最高黏度和崩解值也大（表 7.1）。但是，关于蛋白质含有率，两种栽培法之间差异不显著，在所有理化特性上两种栽培法之间存在显著正相关（表 7.2）。也就是说，移栽理化特性好的品种，水直播栽培时的理化特性也好。

**表 7.2　水直播和移栽米理化特性相关系数**（尾形武文，1997）

| 年份 | 蛋白质含有率 | 直链淀粉含有率 | 最高黏度 | 崩解值 |
| --- | --- | --- | --- | --- |
| 1994 | 0.868** | 0.985*** | 0.992*** | 0.976*** |
| 1995 | 0.646* | 0.991*** | 0.987*** | 0.987*** |

注：*、**、***分别表示 0.05、0.01、0.001 水平差异显著。

### （二）旱直播栽培

在直播栽培当中，旱直播栽培不仅省去了播种育苗和移栽，也不需要灌水整地，可以进一步低成本省工化。免耕旱直播栽培对于控制有关大气变暖的温室效应气体排放，特别是作为控制甲烷气体排放的栽培法而受到关注。关于旱直播栽培米食味的研究比水直播栽培米更少。

日本及中国品种的移栽米和旱直播栽培米食味综合评价如图 7.2 所示。供试的 20 个品种当中，图中编号 1～10 为日本品种，11～20 为中国品种，20 个品种当中有 7 个品种的旱直播栽培米的食味综合评价高于移栽米，1 个品种两种栽培法食味相当，剩余 12 个品种以移栽米的食味好。双因素方差分析结果，食味综合评价的 20 品种平均值，旱直播栽培米低一些，但它与移栽米之间不存在显著差异，如表 7.3 所示。但是，品种间食味综合评价间差异显著，品种与栽培法的交互作用显著。食味综合评价虽然不存在品种间差异，但是其趋势显示因栽培法而不同。关于交互作用将在后面内容里详细叙述。与水直播栽培米一样，移栽米和旱直播栽培米的食味综合评价存在显著正相关。即，移植栽培米食味评价高的品种，旱直播栽培米的食味综合评价也高，如图 7.2 所示。

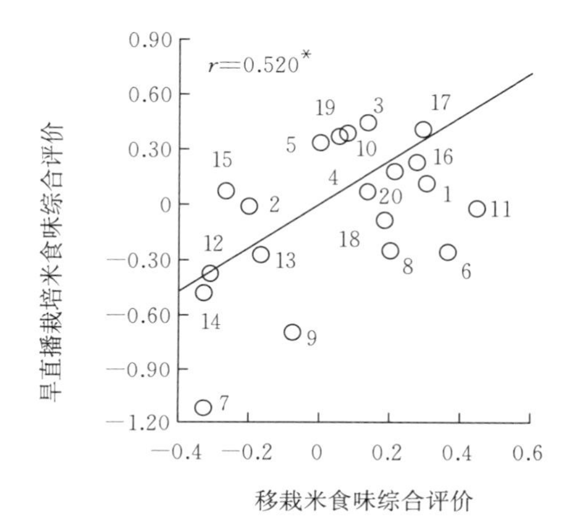


图 7.2　移栽和旱直播栽培食味综合评价的相关性（赫兵，2017）

注：对照是移栽的黄金胜。* 表示 0.05 水平差异显著。

1. 越光　2. 福响　3. 生拔　4. 秋田小町　5. 御出米　6. 一见钟情　7. 龟之尾　8. 农林 1 号　9. 陆羽 132 号　10. 梦筑紫　11. 盐丰 47　12. 花育 13　13. 垦育 8　14. 垦育 28　15. 金珠 1　16. 津稻 1187　17. 津稻 1129　18. 津稻 779　19. 天津 No.1　20. 津川 1 号

**表 7.3　旱直播和移栽对稻米理化特性的影响**（赫兵，2017）

| 处理 | 综合评价 | 蛋白质含有率（%） | 直链淀粉含有率（%） | 最高黏度（R. V. U.） | 崩解值（R. V. U.） | $H/-H$ |
|---|---|---|---|---|---|---|
| 旱直播 | −0.033 | 8.3 | 16.0 | 251 | 95 | 7.6 |
| 移栽 | 0.047 | 8.2 | 15.0 | 252 | 98 | 7.5 |
| 品种（V） | * | *** | *** | *** | * | *** |
| 栽培法（T） | ns | ns | *** | ns | ns | ns |
| V×T | * | ** | *** | ** | *** | *** |

注：数值是图 7.2 的 20 个品种。食味评价对照为移栽的黄金胜（Koganemasari）。*、**、***分别表示 0.05、0.01、0.001 水平差异显著。

关于 20 个品种理化特性的平均值，旱直播栽培米的直链淀粉含有率显著高于移栽米，而蛋白质含有率、最高黏度、崩解值和 $H/-H$ 在两种栽培法之间没有显著差异，如表 7.3 所示，但是，所有理化特性都存在品种间差异，移栽米和旱直播栽培米之间存在显著正相关（表 7.4）。这就是说，移栽时理化特性优异的品种，旱直播栽培时其理化特性也很优异。

**表 7.4 旱直播米和移栽米理化特性的相关系数**（赫兵，2017）

| 项目 | 蛋白质含有率（%） | 直链淀粉含有率（%） | 最高黏度（R. V. U.） | 崩解值（R. V. U.） | $H/-H$ |
|---|---|---|---|---|---|
| 相关系数 | 0.640** | 0.663** | 0.645** | 0.784*** | 0.775*** |

注：**、***分别表示 0.01、0.001 水平差异显著。

### （三）直播栽培米的食味

水直播和旱直播两种直播栽培米的食味综合评价及理化特性都与移栽米存在显著正相关，这说明移栽食味好的品种，直播栽培时的食味也好，但是直播栽培食味也不都是提高。即，图 7.1 中几乎所有的品种都是水直播栽培米的食味高于移栽米，而图 7.2 中也有品种因直播栽培而食味下降。其他也有水直播栽培米的食味低于移栽米的研究报道（锅岛学等，1994）以及和移栽米没有区别的研究报道（日本农林水产省，1974）。因此，关于直播栽培对稻米食味的影响，因品种和其他条件变化而有所不同。

## 二、有机栽培

近年来，广大消费者从食物安全和追求健康角度出发，从减轻环境和生态系统负荷观点考虑，非常关心有机农业的发展。生产者正在改变大量使用化学物质的农业生产模式，通过利用由丰富的微生物相构成的栽培环境、堆肥以及其他有机肥料保持地力，综合利用耕作方法和微生物进行病虫草害防除等，一种环境保护型农业构架正在发展壮大。由此，水稻有机栽培研究也逐渐发展起来。

日本水稻有机栽培基本方法是采用堆肥栽培。此外，也有减少化学肥料和农药使用量的减化肥减农药栽培、不使用农药和化学肥料的无农药无化肥栽培、不使用化肥农药也不使用堆肥的自然农法，还有稻田养殖家鸭、野鸭、杂交鸭的稻鸭综合种养法等。这里介绍采用以堆肥为主体有机肥料的有机栽培（堆肥栽培）和采用米糠代替肥料的有机栽培（米糠栽培）稻米的食味及其理化特性。这两种方法中有机肥料的施用量，均根据所用有机肥料氮素含量进行设计确定，将其换算成常规栽培应该施用化学肥料相同的氮素量，以防氮素量施用过多或者过少。

### （一）堆肥栽培

堆肥的施用是作物栽培的基础，对其施用效果自古以来就有很多研究。这里介绍施用以堆肥为主体的有机质肥料（堆肥 86%、发酵鸡粪 7%、菜籽油粕 7%）对所产稻米食味的影响。为了解农药（除草剂、杀虫剂）的影响，设以下 3 个处理：①有农药区，使用与常规栽培相同用量除草剂和杀虫剂的堆肥；②减农药区，只使用除草剂的堆肥；③无农药区，不使用除草剂和杀虫剂的堆肥。供试品种是日本晴，调查期间为堆肥栽培开始后的第 7～9 年连续 3 年时间。

堆肥栽培米的食味综合评价因生产年度不同而有差异，食味水平既有高于常规栽培的，也有低于常规栽培的，如表 7.5 所示，这说明，3 年平均值并不能确认其对食味的效果。关于农药使用与否对食味的影响，堆肥-无农药栽培米黏度大，食味综合评价优于堆肥-有农药栽培米，而也有食味综合评价差于堆肥-减农药栽培米及常规栽培米的年份，也就是说这种对于食味的影响在年度间并不稳定。

**表 7.5　堆肥处理对于食味的影响**（齐藤邦行等，2002）

| 处　理 | 综合评价 | | | | 3 年平均值 | | |
|---|---|---|---|---|---|---|---|
| | 1996 年 | 1997 年 | 1998 年 | 平均 | 外观 | 味道 | 黏度 |
| 堆肥-无农药 | −0.25a | 0.14ab | −0.13ab | −0.01ab | 0.07a | −0.40a | −0.04b |
| 堆肥-减农药 | −0.13a | 0.21b | 0.07b | 0.03b | 0.04a | 0.07a | 0.02b |
| 堆肥-有农药 | −0.31a | −0.21a | −0.40a | −0.24a | −0.06a | −0.18a | −0.38a |
| 常规栽培(对照) | 0.00 | 0.00 | 0.00 | 0.00 | 0.00 | 0.00 | 0.00 |

注：供试品种为日本晴。下划线标注的是对照与处理之间 0.05 水平差异显著。

从 1997 年堆肥栽培米理化特性来看，堆肥-无农药栽培米和堆肥-减农药栽培米比堆肥-有农药栽培米及常规栽培米的蛋白质含有率和米饭物理特性显著降低，如表 7.6 所示，直链淀粉含有率和淀粉糊化特性的最高黏度及崩解值并无特定趋势，食味综合评价是堆肥-减农药栽培米最好，其次是堆肥-无农药栽培米，堆肥-有农药栽培米最差如表 7.5 所示，从这个结果可知，在这项研究里食味评价主要受蛋白质含有率和 $H/-H$ 的影响。

**表 7.6　堆肥对理化特性的影响**（齐藤邦行等，2002）

| 处理 | 蛋白质含有率（%） | 直链淀粉含有率（%） | 最高黏度（B. U.） | 崩解值（B. U.） | $H/-H$ |
|---|---|---|---|---|---|
| 堆肥-无农药 | 6.8a | 18.3a | 476 | 208 | 30.6a |
| 堆肥-减农药 | 6.8a | 18.5a | 487 | 215 | 30.1a |
| 堆肥-有农药 | 7.7b | 18.4a | 440 | 179 | 39.1b |
| 常规栽培（对照） | 7.2b | 18.3a | 476 | 211 | 42.1b |

注：同列不同小写字母表示不同处理之间 0.05 水平差异显著。

### （二）米糠栽培

米糠栽培是一种具有肥料效果和除草效果综合作用的有机栽培法。因为米糠当中含有氮素 2%～2.5%、磷 3%左右和钾 2%以上，所以稻糠不仅有肥料效果，而且通过撒施后水田土壤表层的还原化和有机酸的生成，可以抑制杂草的发生。

关于食味综合评价，供试的 14 个品种当中，有 6 个品种的米糠栽培米优于常规栽培米，8 个品种米糠栽培米表现不如常规栽培米。从 14 个品种食味综合评价的平均值来看，米糠栽培米和常规栽培米几乎没有变化，栽培法之间没有差异（表 7.7）。另外，在食味综合评价上品种间存在显著差异，品种和栽培法之间存在显著的交互作用。在食味综合评价上常规栽培米和米糠栽培米之间存在显著正相关（图 7.3）。因此，常规栽培时食味评价高的品种，米糠栽培时食味综合评价也高。

**表 7.7 米糠对于食味特性的影响**（边嘉宾，2010）

| 处理 | 综合评价 | | | | | 4 年平均值 | | | |
|---|---|---|---|---|---|---|---|---|---|
| | 2006 | 2007 | 2008 | 2009 | 平均 | 外观 | 味道 | 黏度 | 硬度 |
| 米糠 | 0.00 | −0.11 | −0.11 | −0.13 | −0.09 | 0.14 | −0.15 | −0.28 | 0.41 |
| 常规 | −0.06 | −0.20 | −0.19 | −0.07 | −0.12 | 0.06 | −0.14 | −0.34 | 0.41 |
| 品种（*V*） | *** | *** | * | *** | *** | *** | *** | *** | *** |
| 栽培法（*T*） | ns | ns | ns | ns | ns | * | ns | ns | ns |
| 年份（*Y*） | — | — | — | — | ns | *** | * | * | *** |
| $V\times T$ | ns | ns | ns | * | * | ns | ns | ns | * |
| $V\times Y$ | — | — | — | — | ** | *** | ** | *** | *** |
| $T\times Y$ | — | — | — | — | ns | ns | ns | ns | ns |

注：品种同图 7.3。对照品种是常规栽培的日之光。ns 表示无显著差异，*、**、***分别表示 0.05、0.01、0.001 水平差异显著。

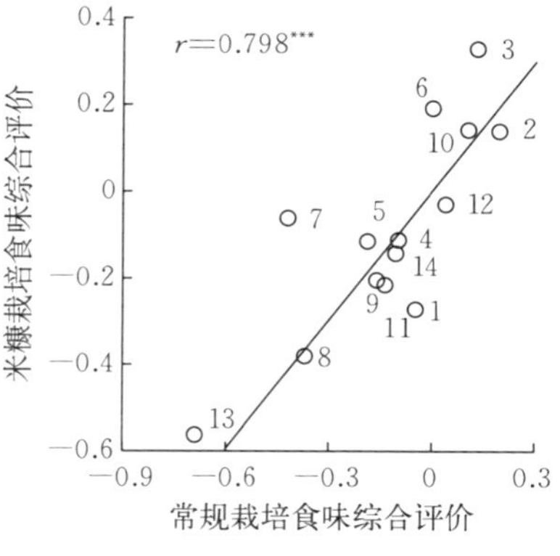


图 7.3 米糠栽培和常规栽培食味综合评价的相关性（边嘉宾，2010）

注：***表示 0.001 水平差异显著。

1. 福响 2. 越光 3. 生拔 4. 剣穂 5. 黄金胜 6. 日之光 7. 南锦 8. 垦育 8 9. 早花 2 10. 盐丰 47 11. 津稻 308 12. 中作 93 13. 垦育 16 14. 津星 2 对照品种是常规栽培的日之光。

图 7.3 列举了常规栽培和米糠栽培 4 年食味综合评价平均值(以下简称：4 年平均值)，图中编号 1～7 为日本品种，编号 8～14 为中国品种。

比较常规栽培米和米糠栽培米理化特性可见，米糠栽培的 14 个品种平均蛋白质含有率是显著降低的，而直链淀粉含有率并无显著差异，如表 7.8 所示，这说明米糠栽培可使蛋白质含有率降低，而对直链淀粉含有率没有影响。

**表 7.8　米糠对于理化特性的影响**（边嘉宾，2010）

| 处理 | 蛋白质含有率（%） | 直链淀粉含有率（%） |
|---|---|---|
| 米糠 | 6.6 | 19.6 |
| 常规 | 6.9 | 19.5 |
| 品种（*V*） | *** | *** |
| 栽培（*T*） | *** | ns |
| 年份（*Y*） | *** | *** |
| $V \times T$ | * | ns |
| $V \times Y$ | *** | *** |
| $T \times Y$ | *** | ** |

注：数值是图 7.3 的品种。ns 表示无显著性差异，*、**、***分别表示 0.05、0.01、0.001 水平差异显著。

但是，无论是蛋白质含有率还是直链淀粉含有率，都存在显著的品种间差异，同一品种常规栽培米与米糠栽培米之间存在显著正相关（表 7.9）。即，常规栽培时理化特性优异的品种，米糠栽培时的理化特性也是优异的。

**表 7.9　米糠栽培和常规栽培米理化特性的相关系数**（边嘉宾，2010）

| | 蛋白质含有率（%） | 直链淀粉含有率（%） |
|---|---|---|
| 相关系数 | 0.935*** | 0.990*** |

注：***表示 0.001 水平上差异显著（$n$=14）。

从不同品种的蛋白质含有率和直链淀粉含有率与食味综合评价的关系来看，米糠栽培米蛋白质含有率不分栽培法而与食味综合评价存在显著负相关，而直链淀粉含有率与食味综合评价之间没有显著关系，如图 7.4 所示，就是说，相比常规栽培，米糠栽培米食味的品种间差异，更受蛋白质含有率的制约，蛋白质含有率越低的品种食味评价越高。

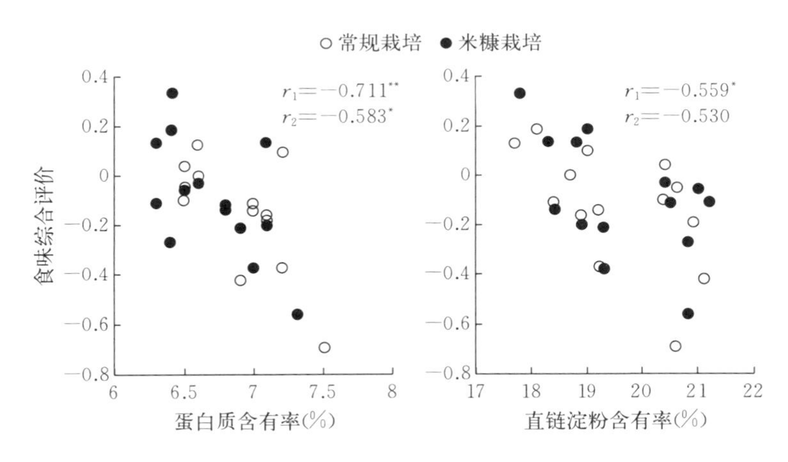


图 7.4 米糠栽培及常规栽培米蛋白质含有率和直链淀粉含有率与食味综合评价的关系（边嘉宾，2010）

注：$r_1$ 为常规栽培的相关系数，$r_2$ 为米糠栽培的相关系数。*、**分别表示 0.05、0.01 水平差异显著。

## （三）有机肥料的种类和稻米理化特性

以上结果显示，堆肥栽培米和米糠栽培米的食味受蛋白质含有率影响。但是，所产稻米蛋白质含有率及其他理化特性，则因使用的有机肥料种类不同而不同。对使用各种有机肥料的有机栽培生产稻米的理化特性分析发现，关于蛋白质含有率在施用堆肥及施用鸡粪所产稻米与常规栽培（对照，不使用有机肥）之间没有显著差异，施用骨粉和施用鱼渣的稍高，施用稻秸的最高（表 7.10），淀粉糊化特性的最高黏度和崩解值及米饭物理特性的 $H/-H$ 也是施用稻秸、骨粉和鱼渣的差一些。

**表 7.10 有机肥种类对于理化特性的影响**（稻津脩，1988）

| 有机肥 | 蛋白质含有率（%） | 最高黏度（B. U.） | 崩解值（B. U.） | H/－H |
|---|---|---|---|---|
| 稻秸 | 8.7b | 254 | 48 | 1.70 |
| 堆肥 | 7.6a | 270 | 70 | 1.37 |
| 鸡粪 | 7.6a | 268 | 73 | 1.33 |
| 鱼渣 | 8.1ab | 262 | 65 | 1.44 |
| 骨粉 | 7.9ab | 272 | 72 | 1.40 |
| 对照 | 7.5a | 275 | 80 | 1.33 |

注：同列不同小写字母表示不同处理之间在 0.05 水平存在显著差异。

在同样施用稻秸的情况下，完全堆肥化的和翻入土中到春季腐败分解的，所产稻米的理化特性并不是很差，而撒施于田面放置状态的由于不被分解，所以其稻米理化特性特别不好，如表 7.11 所示。但是，稻秸的施用形态对直链淀粉含有率影响不大。究其原因，可能是不同有机肥料在土壤中氮素无机化量和无机化速度因有机质的种类不同所致。因此，在施用于生育后期无机态氮素释放量容易增加的有机肥时，成熟后期水稻氮素吸收过剩，米粒中蛋白质含有率增加，导致食味下降。因此，有机栽培要实现优质食味米生产，尤其要注意不同有机质肥料的肥效释放。

**表 7.11 稻秸处理对理化特性的影响**（稻津脩，1988）

| 处　理 | 蛋白质含有率（%） | 直链淀粉含有率（%） | 最高黏度（B. U.） | 崩解值（B. U.） | H/－H |
|---|---|---|---|---|---|
| 堆肥 | 8.0 | 22.1 | 377 | 186 | 8.3 |
| 混入田地 | 7.9 | 22.2 | 370 | 180 | 8.5 |
| 秋季表面施用 | 8.3 | 22.1 | 359 | 173 | 9.4 |
| 春季表面施用 | 8.8 | 22.3 | 355 | 163 | 11.2 |
| 无处理 | 7.6 | 22.0 | 387 | 191 | 7.5 |

### （四）有机栽培米的食味

如上所述，并不是有机栽培都能提高食味和改善理化特性，因水稻品种和生产年度、施用方法及有机肥料种类不同也有降低食味及理化特性水平的。另外，也有随着实施有机栽培年限增加，蛋白质含有率下降、崩解值增大、食味提高的研究结果（玉置雅彦等，1995），以及有机栽培米味道成分（天冬氨酸及谷氨酸含量）增加的研究结果（王桂云等，1998），也有施用作为有机质肥之一的菜籽油粕对食味没有影响的研究结果（井上惠子等，1991），也有有机栽培田有机物的大量施用导致蛋白质含有率升高的研究结果（宫森康雄等，1993），也有稻鸭综合种养法食味变差的研究结果（浅野纮臣等，1998）等，关于有机栽培米的食味研究结果并不一样。还有，尚未有研究发现农药和化肥的施用对于食味影响的结论（松江勇次，1993）。现阶段有机栽培和使用农药栽培对食味的影响并不明确。

## 三、节水栽培

包括日本和中国在内的亚洲稻作地带，消费水资源总量的70%～80%作为农业用水而利用，其中农业用水的80%被用于水稻栽培。就是说，需水总量的50%左右，被水稻栽培用水所用。因此，在世界水资源严重减少过程中，即使是节省10%的水稻栽培用水，也是对于水资源节约的重大贡献。在这样的背景下，最近关于水稻节水栽培的研究也很活跃，但是几乎没有看到对于节水栽培稻米食味解析的研究报告。这里，讨论关于栽培期间不同给水量（灌水量+降水量）对食味综合评价和理化特性的影响。

试验以灌水10 cm为基本水量，每天减水量为5 cm水深。试验处理：Ⅰ（对照）：返青期—成熟期持续每天灌水，保持10 cm水深；Ⅱ：每隔3 d灌一次水；Ⅲ：每隔4 d灌一次水；Ⅳ：每隔7 d灌一次水；Ⅴ：每隔14 d灌一次水；Ⅵ：完全不灌水，如表7.12。研究结果发现，相对于Ⅰ（对照）的比率（100%给水率）来说，Ⅱ是74%，Ⅲ是61%，Ⅳ是44%，Ⅴ是33%，Ⅵ是21%。

因此，相对于Ⅰ的节水率（0%），Ⅱ是26%，Ⅲ是39%，Ⅳ是56%，Ⅴ是67%，Ⅵ是79%。

**表 7.12 水分胁迫对于食味特性的影响**（崔中秋，2016）

| 处理 | 外观 | 香味 | 味道 | 黏度 | 硬度 | 综合评价 |
|---|---|---|---|---|---|---|
| Ⅰ（100%） | 0.87a | 0.53a | 0.72a | 0.86bc | 0.26a | 0.79ab |
| Ⅱ（74%） | 1.07a | 0.60a | 0.63a | 0.83bc | 0.33ab | 0.84ab |
| Ⅲ（61%） | 1.15a | 0.67a | 1.00a | 0.84bc | 0.18a | 1.14b |
| Ⅳ（44%） | 1.34a | 0.68a | 0.98a | 1.05c | 0.15a | 1.16b |
| Ⅴ（33%） | 1.16a | 0.59a | 0.68a | 0.68ab | 0.23a | 0.97ab |
| Ⅵ（21%） | 0.86a | 0.60a | 0.62a | 0.43a | 0.61b | 0.66a |
| 品种（$V$） | *** | ** | *** | ** | *** | *** |
| 处理（$T$） | ns | ns | * | ** | ns | * |
| $V \times T$ | * | ns | ns | ns | ns | * |

注：处理Ⅰ：每天灌水一次，Ⅱ：每3 d灌水一次，Ⅲ：每4 d灌水一次，Ⅳ：每7 d灌水一次，Ⅴ：每14 d灌水一次，Ⅵ：无灌溉；处理后的括号表示其处理相对于Ⅰ（对照）的给水率。给水总量=灌水量+降水量（Ⅰ给水量：5 799 mm），数值是供试4品种（津农M01、津原E28、津稻417、津原45）的平均值。对照为其他水田栽培的津原45。同列不同小写字母表示不同处理之间0.05水平差异显著。ns表示无显著性差异，*、**、***分别表示0.05、0.01、0.001差异显著。

因为试验水田每天减水深度是5 cm，所以灌到水深10 cm时，经过2 d水就全部没有了。Ⅰ就会长期处于淹水状态，Ⅱ保持2 d有水状态和1 d无水状态。同样，Ⅲ是2 d淹水2 d无水，Ⅳ是2 d淹水5 d没水，Ⅴ是2 d淹水12 d无水，Ⅵ是长期无灌水只靠降雨给水。水田土壤表面，Ⅰ长时间保持水面；Ⅱ既有无水时间也有淹水状态；Ⅲ无水时如果在田间行走可以看到土中浸出水的状态，即第六章水管理的内容里叙述的饱和水状态；Ⅳ是无水时田面水消失，但是与土壤表层间歇灌溉时基本保持同等程度水分状态。Ⅴ和Ⅵ无水时土壤干硬可以行走。

供试4个品种平均食味综合评价存在显著的品种间差异和处理间差异，品种和总水量的交互作用也是显著的（表7.12）。不同处理区比较结果，Ⅲ和Ⅳ综合评价最高，其次是Ⅰ、Ⅱ和Ⅴ，Ⅵ最低，但从Ⅰ至Ⅴ之间没有显著差异。*H*/－*H* 以外的理化特性也是品种间及处理间存在显著差异（表7.13）。在不同处理方面，Ⅲ和Ⅳ食味表现好，Ⅵ明显很差。从4个品种平均综合评价和理化特性关系看，与 *H*/－*H* 的关系不大，而与蛋白质含有率及直链淀粉含有率之间呈负相关，与最高黏度及崩解值之间呈正相关，特别是与崩解值之间呈显著相关（表7.14）。就是说，因给水量不同发生的食味变化受崩解值影响最大。

**表7.13　水分胁迫对于理化特性的影响**（崔中秋，2016）

| 处理 | 蛋白质含有率（%） | 直链淀粉含有率（%） | 最高黏度（R. V. U.） | 崩解值（R. V. U.） | *H*/－*H* |
|---|---|---|---|---|---|
| Ⅰ | 7.3a | 17.8a | 206ab | 74ab | 6.1a |
| Ⅱ | 6.9a | 18.3a | 209ab | 87ab | 6.7ab |
| Ⅲ | 6.8a | 18.1a | 211b | 90b | 6.4ab |
| Ⅳ | 6.8a | 17.9a | 215b | 93b | 6.5ab |
| Ⅴ | 7.5ab | 18.3a | 198ab | 78ab | 6.7ab |
| Ⅵ | 8.6b | 19.2b | 178a | 67a | 7.1b |
| 品种（*V*） | *** | *** | *** | *** | ns |
| 处理（*T*） | *** | *** | *** | *** | ns |
| $V\times T$ | *** | *** | *** | *** | ns |

注：数值是供试4品种（津农M01、津原E28、津稻417、津原45）的平均值。同列不同小写字母表示不同处理之间0.05水平存在显著差异。ns表示无显著差异，*、**、***分别表示0.05、0.01、0.001水平差异显著。

**表7.14　水分胁迫下食味与理化特性的相关系数**（崔中秋，2016）

| 项目 | 蛋白质含有率 | 直链淀粉含有率 | 最高黏度 | 崩解值 | *H*/－*H* |
|---|---|---|---|---|---|
| 综合评价 | －0.763 | －0.616 | 0.748 | 0.868* | －0.396 |

注：*表示0.05水平显著差异（$n=6$）。

综上所述，从4个品种平均的食味综合评价和理化特性来看，Ⅲ和Ⅳ很好，但是Ⅳ田面无水时行走可见脚窝处浸出水来的饱和水状态，Ⅳ也是土壤表层呈现与间歇灌溉同等程度的水分状态。这些现象说明，从饱和水状态到间歇灌溉要比长期淹水状态更有利于食味。相对于对照（Ⅰ）的栽培用水节水率，Ⅲ是39%，Ⅳ是56%，即，本试验条件下，在每天减水深度5 cm、灌水间隔在5 d时，可以实现好食味和40%～60%的节水率。但是，减水深度受土壤种类和气象条件的影响很大。灌水间隔日数和节水率因减水深而变化。这样，按照给水量的削减进行的节水栽培要考虑土壤条件来决定灌水间隔。

## 四、品种与栽培环境的交互作用对食味的影响

食味因栽培环境不同而变化，为选育出具有稳定的优质食味品种，必须了解食味因栽培环境而变化方面的规律。不同栽培环境下品种间的食味差异变化，可以根据方差分析得到的品种和食味的交互作用进行验证。这里叙述品种和各种栽培环境条件的交互作用对食味的影响。

如前所述，双因素方差分析的结果，旱直播和移栽栽培试验所产稻米食味综合评价在各种栽培法之间并没有显著差异，但品种间有显著差异，品种和栽培法的交互作用也是显著的，如表7.3所示。食味综合评价虽然因品种而异，但其品种间相对差异在移栽栽培和旱直播栽培时有所变化，既有因栽培法不同食味变化大的品种，也有变化小的品种。因此，品种不同，栽培法的影响也有相反的，有的品种旱直播栽培时食味提高，而有的品种旱直播栽培时食味下降，如图7.5所示。给水量试验的食味综合评价品种间与给水量间存在显著差异，品种间和给水量之间的交互作用也不一致，如表7.12所示。食味综合评价无论是哪个品种在处理Ⅲ或者处理Ⅳ都是最高的，处理Ⅵ都是最低的，但是别的处理区的食味综合评价的变化状态则因品种而异，如图7.6所示。除此之外，生产年度和移栽时期试验食味综合评价也是栽培法间没有显著差异，而品种间存在显著差异，品种和生产年度及品种和栽培时期的交互作用显

著，如表 7.15 和表 7.16 所示。因此，食味对于生产年度和栽培时期的反应因品种而异。

**表 7.15　3 年重复 8 个供试品种的食味方差分析**（大里久美等，1996）

| 因　素 | 自由度 | 平均平方 | $F$ 值 |
|---|---|---|---|
| 品种（$V$） | 7 | 1.108 | 32.90** |
| 年份（$Y$） | 2 | 0.055 | 1.64ns |
| $V\times Y$ | 14 | 0.079 | 2.37* |
| 误差 | 24 | 0.033 | |

注：ns 表示无显著性差异，*、**分别表示 0.05、0.01 水平差异显著。

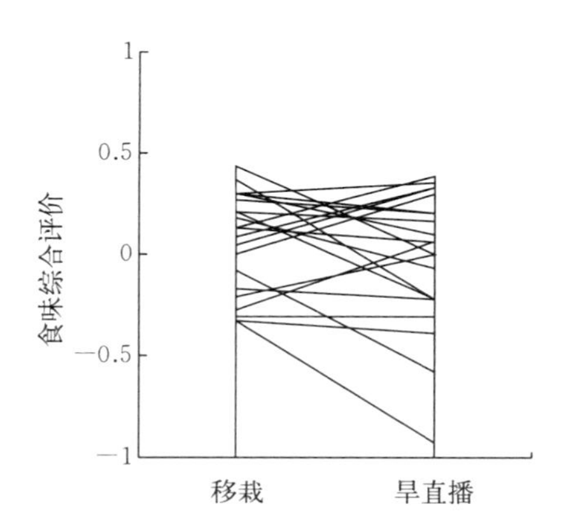


图 7.5　移栽和旱直播栽培各品种的食味综合评价（赫兵，2017）

注：图中横线表示图 7.2 的 20 个品种不同栽培方式的结合线。

**表 7.16　2 个移栽期处理 6 个供试品种的食味方差分析**（大里久美等，1996）

| 因　素 | 自由度 | 平均平方 | $F$ 值 |
|---|---|---|---|
| 品种（$V$） | 5 | 0.094 | 3.05* |
| 移栽期（$T$） | 1 | 0.049 | 1.59ns |
| $V\times T$ | 5 | 0.145 | 4.69** |
| 误差 | 24 | 0.030 | |

注：ns 表示无显著性差异，*、**分别表示 0.05、0.01 水平差异显著。

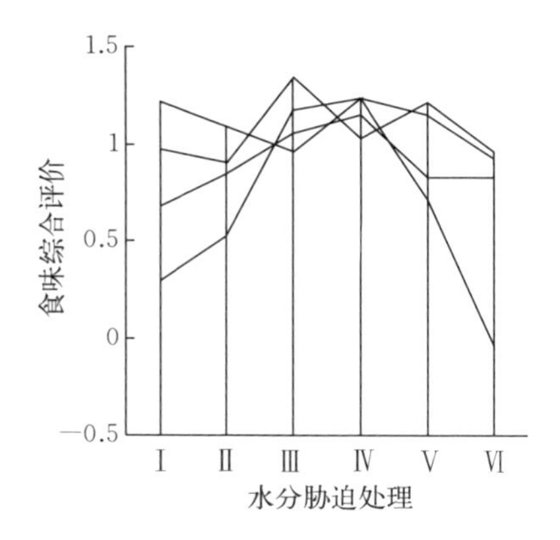


图 7.6　不同给水量的食味综合评价（崔中秋，2016）

注：Ⅰ. 每天灌水一次　Ⅱ. 每 3 d 灌水一次　Ⅲ. 每 4 d 灌水一次　Ⅳ. 每 7 d 灌水一次　Ⅴ. 每 14 d 灌水一次　Ⅵ. 无灌溉。图中的横线表示表 7.2 中 4 个品种不同水分胁迫食味综合评价值的结合线。

在品种和环境条件之间存在交互作用的情况下，把食味因环境而发生变化的程度作为品种特性的评价，是选育环境稳定型品种的重要条件。如图 7.7 所示，遭遇冷害的 1993 年，食味综合评价既有下降的品种也有不下降的品种。因此，1993 年食味综合评价品种间变化，比气象正常的 1992 年及 1994 年有所扩大，食味综合评价的品种间优劣顺序因生产年度而变化，说明食味的耐冷性和耐热性因品种而异。为选育出受冷害或高温障碍影响小的品种，必须对气象条件不同年度间的食味变化幅度作为品种特性加以评价，并研究与食味有关的耐冷性和耐热性等遗传变异。栽培时期试验里，如图 7.8 所示，既有因早期栽培食味提高的品种，也有在各栽培时期食味都基本不变的品种和因早期栽培导致食味大幅下降的品种。因此，食味因栽培时期发生变化的情况，也必须作为品种对移植时期适应性的重要特性进行评价。总之，对于检验出的与品种之间存在显著交互作用的旱直播、给水量、生产年度和栽培时期等，在选育稳定的优质食味品种时，有必要设置不同水平的多数试验处理开展试验，重点选拔不同处理区食味差异小的材料。

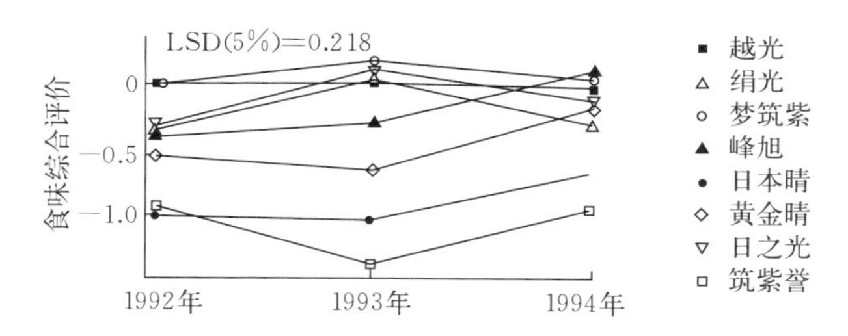


图 7.7　不同年份供试品种的食味（大里久美等，1996）

注：对照是各年的越光。

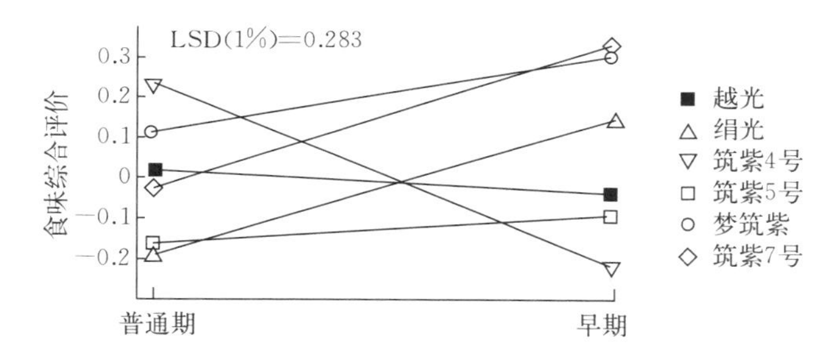


图 7.8　不同栽培期供试品种的食味（大里久美，1996）

注：对照是早期栽培、普通栽培的越光。

在米糠栽培试验中，栽培法之间的食味综合评价不存在显著差异，但品种间差异显著，品种和栽培法之间的交互作用显著，如表 7.7所示。既有米糠栽培带来食味提高的品种，也有食味下降的品种，如图 7.9 所示。但是，有机栽培除米糠栽培以外还有很多种方法，使用的肥料也有很多种（表 7.10、表 7.11），关于有机栽培法与品种的交互作用，其方法和肥料不同是值得研究的课题之一。另外，在施肥量试验（表 7.17）和土壤类型试验（表 7.18）中，品种和栽培法的交互作用并不显著。也就是说，这些栽培法带来的食味变化情况，因品种不同其变化程度并不是太大。如果降低施肥量或者选择氮素含量少的土壤或者向不良土壤中添加客土，无论什么品种米粒中的蛋白质含有率都会下降而食味提高。因此，对于与品种之间没有交互作用的施肥量或土壤类型来说，在选育稳定的优质食味品种时，就没有必要设置多个处理水平食味栽培试验了。总之，在施肥量试验中虽然品种间存在显著差异，但是施肥量间差异不显著。而土壤类型试验则相反，品种间差异不显著，但土壤类型间存在显著差异。

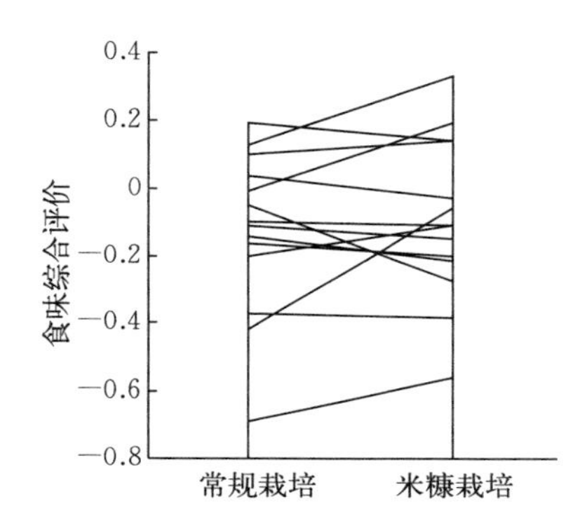


图 7.9 常规栽培和米糠栽培供试品种的 4 年食味综合评价平均值（边嘉宾，2010）

注：图中的横线表示图 7.4 中 14 个品种不同处理的综合评价值的结合线。

**表 7.17 2 个施肥量处理、7 个供试品种的食味方差分析**（大里久美等，1996）

| 因素 | 自由度 | 平均平方 | $F$ 值 |
|---|---|---|---|
| 品种（$V$） | 6 | 0.132 | 3.15* |
| 肥料（$F$） | 1 | 0.006 | $0.16^{ns}$ |
| $V\times F$ | 6 | 0.071 | $1.71^{ns}$ |
| 误差 | 14 | 0.042 | |

注：ns 表示无显著性差异，* 表示 0.05 水平差异显著。

**表 7.18 4 种类型土壤、3 个供试品种食味的方差分析**（大里久美，1996）

| 因素 | 自由度 | 平均平方 | $F$ 值 |
|---|---|---|---|
| 品种（$V$） | 2 | 0.033 | $1.08^{ns}$ |
| 土壤类型（$D$） | 3 | 0.209 | 6.79* |
| $V\times D$ | 6 | 0.026 | $0.87^{ns}$ |
| 误差 | 36 | 0.030 | |

注：ns 表示无显著性差异，* 表示 0.05 水平差异显著。

综上所述，研究品种和环境条件的交互作用，可以判断品种之间食味变化受环境影响是否存在差异。通过对环境导致食味变化的原因及其遗传变异大小的解析，可以对于各种环境条件都表现稳定的优质食味品种选育和建立优质食味米稳定生产栽培管理技术体系提供重要的理论依据。

## 五、优质食味米生产的栽培法

本章的直播栽培试验（表 7.1、表 7.3）、堆肥栽培试验（表 7.5）、米糠栽培试验（表 7.7）、给水量试验（表 7.12）、生产年度试验（表 7.15）、栽培期试验（表 7.16）、施肥量试验（表 7.17）和土壤类型试验（表 7.18）的食味综合评价，与栽培法之间存在显著差异的只有水直播栽培的 1 年间和给水量试验及土壤类型试验。给水量试验之间没有显著差异。土壤类型是人力难以改变的复杂的主要环境因素。施肥量和土壤类型以外，食味综合评价的品种和栽培法的交互作用显著，食味对于栽培条件反应因品种不同而异。

第六章提到了提高食味的五个原则，第一，确保对食味适宜的成熟温度；第二，创造有利于食味的理想株型；第三，防止籽粒吸收多余的氮素；第四，抽穗期以后长时期保持稻谷含水率；第五，确保适宜的收割时期。第六章关于移栽时期的内容里，明确了为提高食味、移栽时期早好还是晚好二选一的想法是错误的，其他栽培法也具有同样问题。只靠移栽栽培和直播栽培，或者依靠常规栽培和有机栽培这样的二元论是无法解决优质食味米生产问题的。重要的是，不是选择 A 或者 B 哪一种技术的问题，而是无论采用哪种技术都必须努力实现优质食味米生产的五个原则。为此，重要的是在生产上追寻实践优质食味米生产的基本理论，即，根据适宜的移栽时期创造理想株型；以适宜的土壤管理和营养诊断为基础，按照施肥法在确保足够粒数的同时，防止吸收过多的氮素；在根据适时收割确保适宜成熟温度的同时，依靠科学的水分管理以长期保持稻谷含水率，最后是确保适宜的收割时期。

上述这些管理措施如果得以实现，无论什么品种都能够提高成熟粒比率、增加千粒重、粒厚增大，从而获得充实度高的优质食味米。换句话说，只要满足提高食味的五个原则，无论哪种栽培法（移栽栽培、直播栽培、常规栽培或有机栽培等），也无论移植时期早晚，都能够生产出优质食味米。

综上所述，本章解说的栽培法，多数情况下食味综合评价不存在栽培法之间差异，但是品种间差异显著。不同栽培法的食味综合评价存在显著的正相关（图 7.1、图 7.2、图 7.3）。这些说明，食味是品种固有的遗传特性，在一个栽培法上发挥优质食味能力的品种，在别的栽培法上其品种的优质食味能力也能发挥。就是说，选育出对于栽培环境稳定的优质食味品种是有可能的。

以上可知，对于优质食味米生产来说最基本的并不是栽培法选择，而是如何设计环境稳定性良好的品种和符合五个原则的综合管理技术体系（图 6.19）。

还有如第六章所述，如果建立起以“理想株型”为基础的综合栽培管理技术体系，则可以同时实现优质食味和高产。即，食味提升和产量增加并不是对立的，永远不要忘记水稻生产栽培的最终目的是实现食味高产兼得。

# 第八章

# 收获后管理与食味

影响水稻食味的最大因素是品种，其次是气候、产地和栽培管理等条件（竹生新治郎，1987）。因为限制食味的重要因素多在生产现场，所以为了提高食味水平，一切在生产现场的努力都是非常重要的。另外，收获后的干燥处理方法、储藏方法和煮饭方法等，也和其他环境因素一样同等程度地影响着食味，但收获后的努力并不会提高食味。生产现场的目标是放在提高食味的方向上，而收获之后的目标就应该放在防止食味下降或者尽量减小其下降程度的方向上。

本章主要包括收获后的干燥方法、去壳处理、储藏方法等对食味的影响。同时，也介绍一下煮饭方法与食味的关系。

## 一、干燥

收获后的水稻，首先以稻谷状态直接进行干燥，稻谷干燥的目的是确保储藏性。正如第六章所述，因为收获后稻谷含水率在25％左右是活的状态，其储藏性很差，如果直接储藏，会因呼吸作用造成能量消耗和淀粉分解。同时，也会因发霉或细菌及昆虫等危害而出现腐败或食害。这样的结果不仅外观品质遭到损坏，而且食味也会大大下降。在此介绍干燥方法对食味的影响。

过去的人工收割或收割自动打捆机是利用平铺地面晾晒或田间支架晾晒自然干燥，而现在联合收割机不断普及，稻谷干燥也在逐渐走向大型联合干燥去壳粒选储藏设施的人工干燥，这也正在成为主流发展方向，图 8.1。联合干燥去壳粒选储藏设施，因为使用火力和鼓风机进行干燥容易造成损伤，虽然干燥温度可以调节，但在干燥过程中产生的糙米物理性损伤和成分变化对食味会有强烈影响。根据稻谷干燥程度决定糙米水分，而糙米水分状态对食味影响很大。图 8.2 为干燥后糙米含水率与食味的关系，糙米含水率在 15%以上时食味综合评价基本没有差异，但是糙米含水率一旦低于 13.5%，食味综合评价就急剧下降。低水分稻米食味变劣，最大的原因是干燥不当造成的米粒断腰、碎米、米粒龟裂和胚乳细胞壁破坏等带来的米饭物理特性变劣。另外，因米粒表层糊粉层的脆弱化造成的脂类分解也是原因之一（相原茂夫，1986）。用过于干燥的稻米煮饭时，米饭过软，而且黏乎乎的，食感显著变劣。必须认识到糙米水分并不是单纯的水，它是和直链淀粉及蛋白质同等重要的影响食味成分之一。

图 8.1　组合式干燥设施（楠谷彰人　提供）

通过以上内容可知，对于食味来说最适宜的糙米含水率是 14%～15%，因为糙米和稻谷含水率基本一致，所以在干燥时稻谷含水率目标水分也应掌握在 15%左右。为了达到目标水分，干燥温度的设定很关键，优质食味米干燥温度因收获时稻谷含水率多少而不同，稻谷含水率及干燥温度越高，稻米食味越容易下降。例如，与常温干燥米食味综合评价之间差值在 0.1 以内的通风温度（界限通风温度）是，当稻谷含水率为 22%时设定为 55 ℃，25%时设定为48 ℃，30%时设定为 35 ℃，如图 8.3 所示。稻谷含水率

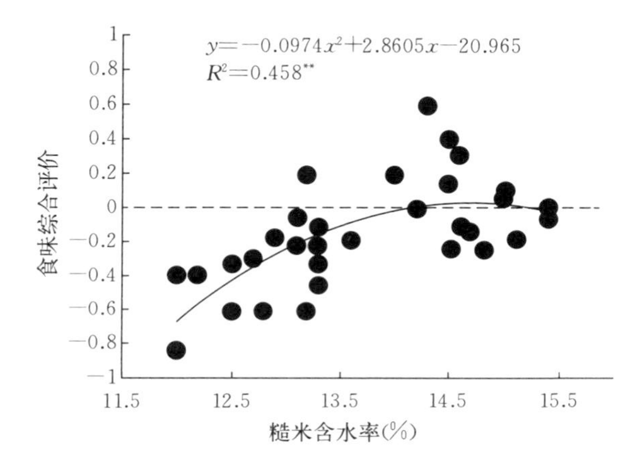


图 8.2　糙米含水率与食味的相关性（松江勇次，2016）

注：供试品种为越光。对照是福冈产日之光米。**表示在 0.01 水平差异显著。

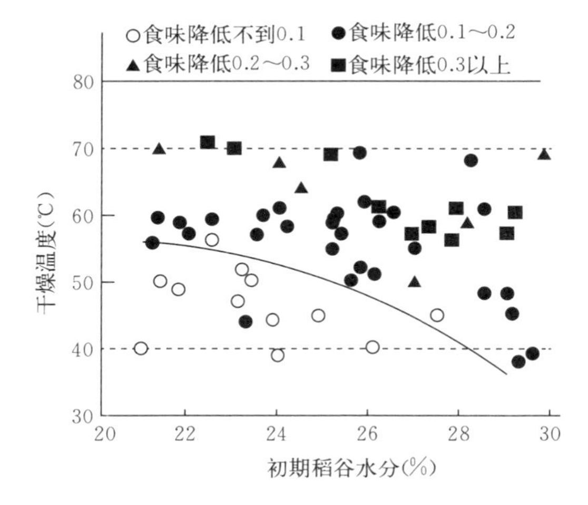


图 8.3　干燥温度与食味的关系（笠原正行，1989）

注：食味是指基于常温烘干米的食味综合评价。

高时通风温度必须设定低一些，降水速度必须慢一些。作为标准的干燥处理储藏设施，通常为达到目标水分一般进行二段式干燥。所谓二段式干燥，是指最初的干燥（一次干燥）当稻谷含水率降到17%～18%时停止干燥，其停止状态保持1 d以上之后继续进行干燥（二次干燥）的方法。通过这种干燥过程中一时停止式干燥，稻谷临时储存处理能够促进高低水分稻谷之间的水分移动。因此，稻谷含水率达到平衡一致，可以顺利将整体水分均匀地调节到14%～15%的状态。

也许有人认为稻米含水率低时煮饭是否可以多加水。必须强调的是胚乳细胞壁一旦被破坏是无法恢复的，用含水率不足的稻米煮饭时，依靠多加煮饭水予以补充恢复米饭食味是不可能的。第六章介绍了稻谷含水率在25%左右时是收获的最佳时期，本章内容介绍稻谷干燥水分目标为15%左右。但是不能等到田间测定水分在15%时进行收获，因为那对食味来说将失去意义。田间收割时间一旦过晚，会多发爆腰粒或着色粒，从而使糙米品质下降，同时造成米饭物理特性变劣，最终导致食味下降。作为优质食味米生产技术，稻谷含水率在25%左右时及时进行收获，而这时稻谷在45～50 ℃比较低温的通风温度下，进行干燥以达到15%左右的水分。

## 二、粒选

干燥后为使品质达到均匀一致，还应进行其他作业处理如去壳、粒选和磨米。其中，从粗糙米去除异物和不良糙米，对糙米进一步分级以获得优质糙米称为粒选。这里介绍粒选方法与食味的关系。

作为糙米粒选方法，一直以来是采用除去粒厚小的碎米（未熟米、死米、碎米等），即所谓的粒厚选择法。之后，用近红外光对米进行照射，以识别异色粒、白色未熟粒等，进而开发出了利用高压气体对其进行排除法的色选机，已被各地的联合干燥粒选储藏设施广泛应用。

日本历来的粒厚选择方法是按照1.8 mm标准选出整粒，但是，随着市场对大米品质要求的不断提高，选择标准进一步强化，现在优质食味米生产已经普遍应用1.85～1.90 mm标准粒选。还有更加重视优质食味米生产投入大的地区，发展到了采用 1.95～2.00 mm进行粒选。糙米厚度和食味之间具有显著相关性，如表 4.8所示，粒厚大的稻米食味综合评价提高，粒厚 1.90 mm 以下的稻米食味显著降低。

对于同一品种来说，选出粒厚大的米粒可以提升食味这是事实，但是粒选标准粒厚越大则出米率越低，生产者受到的粒选损失也会增加。以气象条件不利于优质食味米生产的北海道为例，对于选出的粒厚低于标准米粒厚度的米粒，再加上色选设备这种二者结合的优质食味米粒选新方法已经实用化。对于云母 397（Kirara397）采用已有标准选出的粒厚 2.0 mm 米与选出的比标准米薄 0.1 mm 的 1.9 mm 米再次进行色选后，将其稻米进行食味比较试验。结果如图 8.4 所示，只进行粒厚选得到的 1.9 mm 和2.0 mm米二者之间食味基本没有差异，但是经过粒厚选再加色选后，则 1.9 mm 米的食味综合评价较高。这个现象说明，1.9～2.0 mm米粒当中混有较多的食味不好的异色粒和白色未熟粒，而这些非正常米粒通过色选机被排

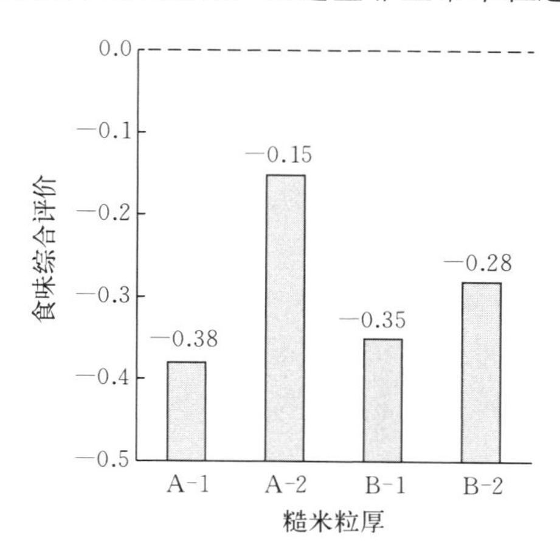


图 8.4　不同糙米粒厚与食味的关系（川村周三，2018）

注：供试品种为云母 397。

A-1. 粒厚 1.9 mm 分级　A-2. 粒厚 1.9 mm+色选

B-1. 粒厚 2.0 mm 分级　B-2. 粒厚 2.0 mm+色选

除了。2.0 mm 粒选落下的粒厚在 1.9～2.0 mm的整粒，如果有利用，则对生产者来说损失会减少一些。就是说，比标准米再往下稍微放宽 0.1 mm，即 1.9 mm 的粒选和色选并用，就可以同时实现稻米外观品质、米饭食味和出米率的共同提高。

## 三、储藏

关于储藏，日本优质食味米是加工成糙米储藏之后进入流通。而糙米在储藏过程中会发生劣化致使食味下降。下面介绍储藏期间食味特性变化、储藏稻米食味特性品种间差异和不同储藏方法对食味的影响。

### （一）储藏期间食味特性变化及其品种间差异

糙米是有生命的，呼吸作用使活体内发生化学变化，而且米粒内储藏物质也在不断地发生变化。食味特性随着储藏时间延长会不断劣化。通过对 9 个品种 1988 年产新米及其经过 1 年时间在室温下储藏陈米之间食味综合比较研究，结果发现所有品种都是陈米的食味综合评价较低，经过一年储藏稻米食味明显下降，如图 8.5 所示，但是研究发现新米食味和陈米食味之间存在显著正相关，即，新米食味好的品种，经过一年储藏后食味仍然比别的品种好。陈米食味劣化程度存在品种间差异，既有像越光（Koshihikari）和筑紫誉（Tukushihomare）那种食味降低程度小的品种，也有像梦光（Yumehikari）那种食味降低程度极大的品种。这种因储藏造成的食味下降在流通方面是一个不可忽视的问题，从流通方面看当然需要储藏期间食味下降小的品种。食味储藏性的优劣是品种所具备的重要特性之一。

如表 8.1 所示，对新米和陈米理化特性比较的结果，蛋白质含有率和直链淀粉含有率在新旧米之间没有差异，但是淀粉糊化特性的最高黏度和崩解值都是陈米较大。还有一旦变成陈米，因为米饭物理特性的硬度（$H$）增加、黏性（$-H$）减弱，所以 $H/-H$ 升高。再就是可以看到陈米的游离脂肪酸增加，如图 8.7 所示。

这些现象，在对不同品种研究的其他报告中也得到了确认

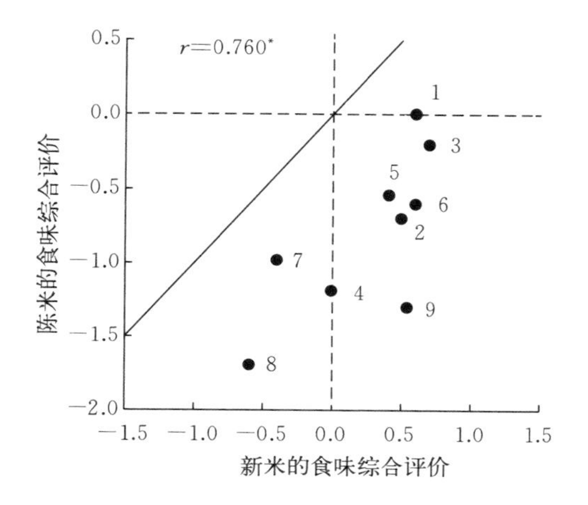


图 8.5 新米与陈米食味的关系（松江勇次，2014）

注：对照为日本晴新米，* 表示 0.05 水平差异显著。

供试品种：1. 越光 2. 绢光 3. 峰旭 4. 日本晴 5. 中部 68 号 6. 日之光 7. 筑紫誉 8. 南锦 9. 梦光

（表 8.1）。原因可理解为陈米食味变劣的原因是理化特性中的 $H/-H$ 升高、游离脂肪酸增加，但是必须注意的是，陈米最高黏度和崩解值都会增大。一般来说，这两个淀粉糊化特性值越高食味越好，但是陈米的这两个特性值增大则与食味无关。陈米最高黏度增大是由于淀粉酶活性消失，未被分解成糖的淀粉也被糊化，崩解值增大是因为受热导致淀粉粒破坏程度增加。

**表 8.1 新米和陈米的理化特性**（谷口健雄，1995）

| 品种 | 蛋白质含有率（%） | | 直链淀粉含有率（%） | | 最高黏度（B. U.） | | $H/-H$ | |
|---|---|---|---|---|---|---|---|---|
| | 新米 | 陈米 | 新米 | 陈米 | 新米 | 陈米 | 新米 | 陈米 |
| 越光 | 6.5 | 6.6 | 18.5 | 18.4 | 821 | 910 | 6.8 | 7.9 |
| 佐佐锦 | 5.9 | 6.1 | 20.7 | 20.7 | 661 | 760 | 7.0 | 8.4 |
| 岛光 | 7.4 | 7.6 | 20.5 | 20.5 | 563 | 642 | 5.9 | 9.5 |
| 雪光 | 8.0 | 7.8 | 20.9 | 21.1 | 561 | 649 | 8.1 | 10.3 |
| 共光 | 9.2 | 9.2 | 21.1 | 21.0 | 560 | 651 | 7.0 | 12.5 |
| 北光 | 8.0 | 8.0 | 22.0 | 21.8 | 518 | 611 | 8.7 | 12.1 |

（续）

| 品种 | 蛋白质含有率（%） | | 直链淀粉含有率（%） | | 最高黏度（B.U.） | | $H/-H$ | |
|---|---|---|---|---|---|---|---|---|
| | 新米 | 陈米 | 新米 | 陈米 | 新米 | 陈米 | 新米 | 陈米 |
| 道黄金 | 8.1 | 8.4 | 21.8 | 21.7 | 506 | 596 | 11.1 | 12.4 |
| 共丰 | 8.5 | 8.4 | 22.7 | 21.7 | 490 | 589 | 9.1 | 15.0 |
| 松前 | 7.4 | 7.6 | 23.4 | 23.2 | 415 | 504 | 10.5 | 13.5 |
| 平均 | 7.7 | 7.7 | 21.3 | 21.2 | 566*** | 657 | 8.2* | 11.3 |

注：新米：1986年11月测定值；陈米：贮存1年后1987年11月测定值。*、***分别表示0.05、0.001水平差异显著。

新米食味和陈米食味之间存在显著正相关，而且因陈米化带来食味下降程度存在品种间差异，这一事实说明育成储藏性好的优质食味品种是可能的。选育储藏性好的优质食味品种时，要对刚收获的和经过储藏到翌年梅雨季节后的稻米进行食味感官评价试验，进而选育出储藏期间食味下降幅度小的品种。但是，采用这种常规方法因为储藏性评价晚一年进行，从缩短育种年限考虑并不是合适的，因此，通过食品老化加速装置（图8.6），进行老化处理（温度40℃，相对湿度95%），测定新米的$H/-H$，再与陈米$H/-H$和食味综合评价的相关性进行分析。研究结果得知，处理期间在10 d、20 d、30 d和40 d的各时期处理，新米$H/-H$和陈米$H/-H$之间存在显著正相关，而经过30 d处理的相关性最大。经过30 d处理的新米$H/-H$和陈米的食味综合评价之间存在显著负相关（表8.2）。因此，食味评价不用等到翌年梅雨季结束，只需将收获后新米采用食品老化加速装置进行30 d处理，测定其米饭的$H/-H$可以判断食味即储藏性的优劣。

图8.6　恒温高湿器食品老化加速装置（松江勇次，2014）

**表 8.2　老化处理的新米 *H*/－*H* 与陈米 *H*/－*H* 及食味综合评价值的相关系数**（松江勇次，2014）

| 项　目 | 陈米 *H*/－*H* | | 陈米食味综合评价 | |
| --- | --- | --- | --- | --- |
| | 1999 年 | 2000 年 | 1999 年 | 2000 年 |
| 处理的新米 *H*/－*H* | 0.903*** | 0.675** | －0.841*** | －0.755*** |

注：处理为食品老化装置放置 30 d 处理。**、***分别表示 0.01、0.001 水平差异显著（$n$=18）。

## （二）储藏方法对食味的影响

如上所述，稻米食味在储藏期间发生下降，但是低温储藏稻米的呼吸作用受到抑制，所以低温储藏稻米食味下降程度小。因此，比较了约 2 年半时间常温储藏库和低温储藏库储藏稻米理化特性变化，结果如表 8.3 所示，两种储藏方法都是随着储藏时间延长理化特性明显变劣，但是低温储藏的这种变劣程度明显减小。

**表 8.3　低温储藏对于糙米理化特性的影响**（谷口健雄，1995）

| 处理 | 蛋白质含有率（%） | | 直链淀粉含有率（%） | | 最高黏度（B.U.） | | *H*/－*H* | |
| --- | --- | --- | --- | --- | --- | --- | --- | --- |
| | 常温 | 低温 | 常温 | 低温 | 常温 | 低温 | 常温 | 低温 |
| Ⅰ | 6.3 | 6.3 | 20.6 | 20.6 | 523 | 523 | 6.5 | 6.5 |
| Ⅱ | 6.4 | 6.3 | 20.8 | 20.5 | 526 | 526 | 6.8 | 6.8 |
| Ⅲ | 6.2 | 6.2 | 20.5 | 20.4 | 540 | 528 | 8.4 | 7.5 |
| Ⅳ | 6.4 | 6.3 | 20.6 | 20.4 | 567 | 539 | 8.6 | 7.6 |
| Ⅴ | 6.4 | 6.3 | 20.4 | 20.8 | 584 | 543 | 9.3 | 7.8 |
| Ⅵ | 6.6 | 6.5 | 20.6 | 20.7 | 596 | 558 | 9.5 | 7.9 |
| 平均 | 6.4** | 6.3 | 20.6 | 20.6 | 546** | 536 | 8.2*** | 7.4 |

注：常温：常温储藏，低温：低温储藏。处理：Ⅰ. 当年收获（1986 年 11 月）；Ⅱ. 半年后（1987 年 4 月）；Ⅲ. 1 年后（1987 年 10 月）；Ⅳ. 1 年半后（1988 年 4 月）；Ⅴ. 2 年后（1988 年 10 月）；Ⅵ. 2 年半后（1989 年 3 月）。品种：雪光。*H*/－*H*：硬度/黏度。 **、***分别表示 0.01、0.001 水平差异显著。

与陈米食味关系最大的 *H*/－*H* 随着储藏时间的延长而升高，但是储藏半年后的夏季开始储藏法之间出现差异，低温储藏时这种不利变化处于较低状态。蛋白质含有率和直链淀粉含有率随着储藏时间延长，其变化幅度较小，而且低温储藏和常温储藏之间基本上没有差异。最高黏度随着储藏期的延长有所升高，但是从增加幅度来看，低温储藏的变化较小。陈米淀粉糊化特性的升高并不影响食味。因此，低温储藏时陈米最高黏度不容易变化，这对食味来说是有利条件。游离脂肪酸的变化如图 8.7 所示，储藏 1 年半以内的储藏法之间差异不大。但是，储藏 1 年半以后低温储藏的变化小一些，这是因为低温储藏时游离脂肪酸生成受到了抑制。

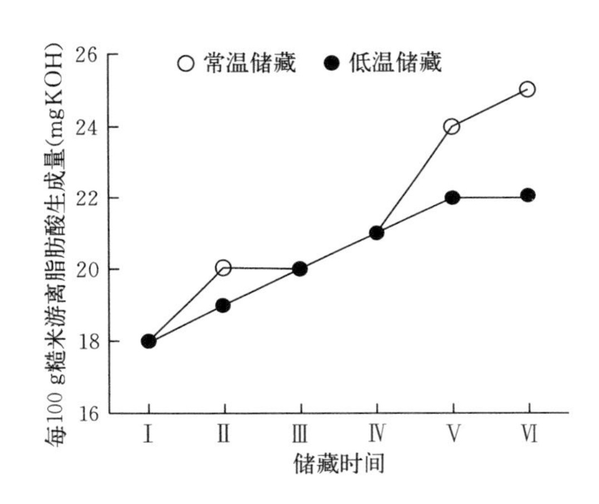


图 8.7　低温储藏对糙米游离脂肪酸生成量的影响（谷口健雄，1995）

注：供试品种：雪光。处理：Ⅰ. 当年收获（1986 年 11 月）；Ⅱ. 半年后（1987 年 4 月）；Ⅲ. 1 年后（1987 年 10 月）；Ⅳ. 1 年半后（1988 年 4 月）；Ⅴ. 2 年后（1988 年 10 月）；Ⅵ. 2 年半后（1989 年 3 月）。

减轻储藏中食味下降的另一个方法是稻谷储藏。关于稻谷储藏和糙米储藏理化特性变化，与低温储藏和常温储藏之间变化趋势基本相同，如表 8.4 所示。蛋白质含有率和直链淀粉含有率，在稻谷储藏和糙米储藏之间基本没有差异。$H/-H$ 虽然不如低温储藏，但是，稻谷低温储藏过程的变化水平较低。关于游离脂肪酸，如前所述从储藏半年开始，稻谷低温储藏的要比糙米低温储藏的变化小，如图 8.8 所示。另外，如果低温储藏和糙米储藏组合，则抑制食味下降的效果会进一步提高。如图 8.9 所示，从 4 种储藏方法的 $H/-H$ 的变化来看，低温稻谷储藏从储藏 1 年后开始，常温糙米储藏自不必说，低温稻谷储藏比常温稻谷储藏以及低温糙米储藏变化都小。即低温稻谷储藏是防止储藏过程中食味下降的最有效方法。

**表 8.4　稻谷储藏对于理化特性的影响**（谷口健雄，1995）

| 处理 | 蛋白质含有率（%） | | 直链淀粉含有率（%） | | 最高黏度（B. U.） | | *H*/－*H* | |
|---|---|---|---|---|---|---|---|---|
| | 糙米 | 稻谷 | 糙米 | 稻谷 | 糙米 | 稻谷 | 糙米 | 稻谷 |
| Ⅰ | 6.3 | 6.3 | 20.6 | 20.6 | 523 | 523 | 6.5 | 6.5 |
| Ⅱ | 6.4 | 6.3 | 20.7 | 20.6 | 526 | 521 | 6.8 | 6.7 |
| Ⅲ | 6.2 | 6.4 | 20.5 | 20.5 | 534 | 528 | 8.0 | 7.8 |
| Ⅳ | 6.4 | 6.4 | 20.5 | 20.6 | 553 | 539 | 8.1 | 7.9 |
| Ⅴ | 6.4 | 6.4 | 20.6 | 20.6 | 564 | 553 | 8.6 | 8.2 |
| Ⅵ | 6.6 | 6.5 | 20.7 | 20.6 | 577 | 567 | 8.7 | 8.3 |
| 平均 | 6.4 | 6.4 | 20.6 | 20.6 | 546*** | 538 | 7.8*** | 7.6 |

注：糙米：糙米储藏，稻谷：稻谷储藏。数值是常温储藏和低温储藏的平均值。处理：Ⅰ. 当年收获（1986 年 11 月）；Ⅱ. 半年后（1987 年 4 月）；Ⅲ. 1 年后（1987 年 10 月）；Ⅳ. 1 年半后（1988 年 4 月）；Ⅴ. 2 年后（1988 年 10 月）；Ⅵ. 2 年半后（1989 年 3 月）。品种：雪光。***表示在 0.001 水平差异显著。

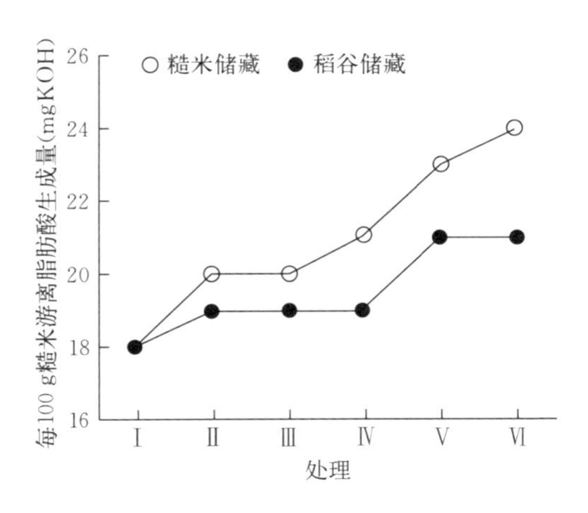


图 8.8　稻谷储藏对糙米游离脂肪酸生成量的影响（谷口健雄，1995）

注：供试品种：雪光。处理：Ⅰ. 当年收获（1986 年 11 月）；Ⅱ. 半年后（1987 年 4 月）；Ⅲ. 1 年后（1987 年 10 月）；Ⅳ. 1 年半后（1988 年 4 月）；Ⅴ. 2 年后（1988 年 10 月）；Ⅵ. 2 年半后（1989 年 3 月）。

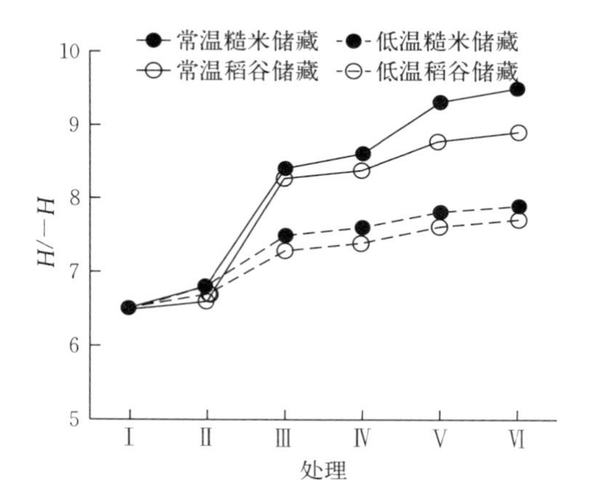


图 8.9　不同储藏方法对于硬度/黏度比（$H/-H$）的影响（谷口健雄，1995）

注：供试品种：雪光。处理：Ⅰ. 当年收获（1986 年 11 月）；Ⅱ. 半年后（1987 年 4 月）；Ⅲ. 1 年后（1987 年 10 月）；Ⅳ. 1 年半后（1988 年 4 月）；Ⅴ. 2 年后（1988 年 10 月）；Ⅵ. 2 年半后（1988 年 3 月）。

## 四、如何蒸煮米饭

众所周知，米饭的蒸煮方法影响食味，这也是一个关乎消费者个人生活的问题。虽然这种做饭的方法并没有纳入以生产优质食味米为目的作物栽培学范畴，但是，做饭方法对食味有很大影响这是一个不争的事实。下面介绍关于米饭蒸煮要领及与食味的关系（贝沼，2003）。

### （一）磨米

做饭之前要进行磨米，磨米是除去糙米表层糠层部分加工成白米的作业，而磨米的出米率（精白米重/糙米重×100%）影响食味。提高磨米精度可以减少蛋白质和粗脂类含量，同时也可以降低脂肪酸度和提高米饭物理特性水平。日本通常糙米到精米出米率掌握在 90%～92%（注：日本没有对食味不利的稻米抛光作业），中国多是94%～95%。感官评价试验结果表明，对于陈米，如果其精米出米率设定在75%，也能相应提高其食味评价水平。最近，在日本也有人关注糙米的营养成分和功能性，进而直接食用糙米或发芽糙米，但是，其食味一般比精白米差很多。

### （二）洗米和浸泡

淘米本来从洗米开始，但是最近随着精米技术的提高，进行洗米淘米已不是主要的了。另外，也开发出了既不用洗米也不用淘米的免淘米（免洗米）。但是不管使用哪一种米，蒸煮米饭之前首先都必须加水并进行一定时间的浸泡。

米的浸泡是做饭加热之前最重要的措施之一。为促进稻米淀粉糊化，如何使米粒吸收得到水分对于做饭来说是一个关键，充分浸泡会使米粒慢慢浸水、淀粉粒膨润、米粒变软。米粒浸透水后开始加热，从而使淀粉糊化顺利充分进行，饭粒硬度减小，黏度增大。研究结果发现，不同时间段（0.5～15 h）浸泡米的米饭食味差异并不显著，所以关于米浸泡时间可以按照实际需要确定。但是，值得注意的是，气温或浸泡水温度越低，水分向米粒内部浸透所需的时间越长，一般来说夏季至少浸泡30 min，冬季至少浸泡60 min，春秋季至少浸泡45 min。

### （三）做饭用水

做饭时用得水对米饭食味有很大影响。下面介绍适宜的煮饭水的特征。

#### 1. 加水重量比

标准含水率稻米煮饭时的加水量，用加水重量比（米的重量/水的重量）表示，加水重量比在1∶1.2以下时煮饭，因锅内水沸腾不足导致淀粉无法充分糊化。一般电饭锅内各部位米饭的物理性差异很大，所以食味感官试验评价较低。做米饭时的具体加水重量比是“米∶水＝1∶(1.3～1.5)”倍范围内，一般以1.3倍加水重量比煮饭为宜。体积比是“米∶水＝1∶(1.0～1.2)”倍范围内。

因煮饭水的种类不同，米饭食味也有变化。在水的性质当中，其硬度对食味影响最大。所谓水的硬度，是基于表示水中钙和镁的量为基准的标准，WHO（世界卫生组织）规定：“水的硬度＝钙含量（mg/L）×2.5＋镁含量（mg/L）×4.1”的计算值进行细化分级。日本一般将硬度在100以下的称为软水，100～299的称为中硬水，300以上的称为硬水，做米饭最适合的水是软水。用软水做饭时，可以做出饭粒蓬松、有黏性的米饭，而用硬水做饭时由于水中的钙与稻米中的纤维素及果胶结合，最终成为硬而发散、没有黏性的米饭。其次影响米饭食味的是水的pH，做米饭最适宜的是pH 8～9的水。用pH在9以下的弱碱性水做饭，会促进淀粉的分解和糊化，能做出柔软适口的米饭。但是，pH过高会使淀粉糊化剧烈，米饭瘫软而且变黄。日本的自来水设定了严格的标准，水的硬度是为50左右的软水，pH 5.8～8.6。用这样的自来水做饭一般没有问题，但是自来水中含有消毒用氯素，嗅味影响食味，可将水净化后用于做饭。

2. 水温和竹炭浸出液

做饭水的温度也与食味有关，凉水浸泡煮饭，水分可以浸透到米粒中心，米淀粉充分糊化增加米饭的黏性和弹性。相反，采用20 ℃以上温水饭浸泡，则会把米粒泡胀，使饭粒失去弹性食味变差。作为煮饭水以5 ℃左右最好。将竹炭浸水后可以将其中的无机成分融入水中提高水的pH。利用上述原理，把竹炭和饭米一起浸泡进行煮饭，或者采用浸泡竹炭一定时间的竹炭浸出液水做饭，由于提高了水的pH，可以促进稻米淀粉的糊化显著提高食味，抑制米饭的老化变硬。

### （四）加热和焖蒸

电饭锅加热至饭水沸腾过程中，其速度的缓急、沸腾期的温度及沸腾持续时间等对饭米吸水、糊化、米饭黏性和食感等都有影响，现在电饭锅已经普及，这些温度调整都是自动的，但是，无论使用哪一款电饭锅，做饭后期的焖蒸对食味来说是必要的。

焖蒸是指米饭煮好，电饭锅电源自动跳起后，不要关闭电源，不要打开锅盖而继续放置的程序。这期间锅内温度保持在90 ℃左右，锅内水分没有立刻蒸发，焖蒸的目的是让饭粒表面多余水分慢慢进入饭粒中心部位，使饭粒间水分呈均匀状态，做成米饭整体膨润并且有黏性和弹性。焖蒸时间以 15～30 min 为准。焖蒸结束打开锅盖，用饭铲把米饭轻轻由外向内从下向上翻动，使多余水分蒸发掉，同时对饭粒表面烘烤，则是最后关键的一步。

# 优质食味米品种选育方法

近年来，中国随着经济发展，人们的饮食生活发生了很大变化，消费者对主食稻米的需求正在由追求数量型向重视品质·食味型方向转变。但是一直以来，中国水稻直接以食味为目的育种（食味育种）基本没有开展，因此，为了满足广大消费者的需要，当务之急是育成优质的食味品种。

食味育种，最基本的是首先要寻找到与食味有关各性状优异的种质资源，然后确定针对各个性状的选拔标准，根据资源材料情况有效配制杂交组合，然后针对各个食味关联性状标准开展明确的反复的杂交后代食味选拔。本章对部分中国水稻品种食味关联性状进行解析，探讨作为育种资源材料的可利用性，介绍以食味为对象的高效食味选拔方法及应用这一方法进行选拔育种的实例。同时，介绍基于食味的水稻品种对栽培地域的适应性和产地对水稻品种的适合性。

## 一、中国水稻品种食味的理化特性

为开展食味育种，在确定作为育种目标的食味标准及其选拔指标基础上，还必须对食味相关性状遗传变异的大小及其遗传相关程度进行解析，以获得基础数据。

### （一）理化特性的变异

表 9.1，列举了中国各地 260 个水稻品种理化特性（直链淀粉含有率、蛋白质含有率、崩解值和 $H/-H$）的基本数据，其理化特性数据的分布趋势如图 9.1 所示。

**表 9.1　中国水稻品种理化特性**（崔晶，2016）

| | 最低值 | 最高值 | 平均值 | 标准偏差 | 变异系数（%） |
|---|---|---|---|---|---|
| 直链淀粉含有率（%） | 15.1 | 20.1 | 18.1 | 0.95 | 5.3 |
| 蛋白质含有率（%） | 6.5 | 13.4 | 9.8 | 1.44 | 14.7 |
| 崩解值（R.V.U.） | 48 | 140 | 93 | 16.3 | 17.6 |
| *H*/－*H* | 7.2 | 57.9 | 23.8 | 8.9 | 37.5 |

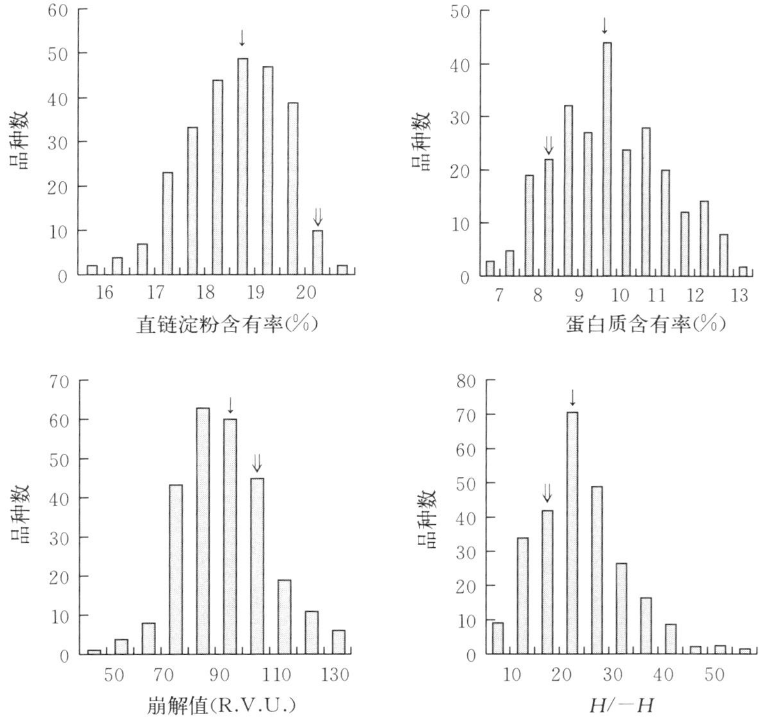

图 9.1　中国水稻品种的理化特性分布（崔晶，2016）

→：平均值；⇒：对照（日本优质食味品种）。

对 260 个水稻品种的分析研究结果如下：直链淀粉含有率最低 15.1%，最高 20.1%，平均值是 18.1%，总体以 18.0%～18.5%

为中心的近正态变异分布，变异系数 5.3%；蛋白质含有率在 6.5%～13.4%分布，平均值 9.8%，总体以 9.5%～10.0%为中心分布，变异系数 14.7%，变化幅度，即品种间差异比直链淀粉含有率的大；崩解值变异在从 48～140R. V. U.，平均值是 93R. V. U.，变异系数 17.6%，集中分布在低于平均值的 80～90R. V. U.；硬度/黏度比（$H/-H$）分布区间在 20%～25%，但整体分布形式稍微倾向于较低数值方向，变异系数 37.5%，在分析的各理化特性中 $H/-H$ 的品种间差异最大。这里介绍的崩解值是用由 NEWPORT SCIENTIFIC 公司生产的淀粉快速黏度分析仪的测定值。

### （二）优质食味米的标准

如图 9.1 所示，双线箭头是指 1993 提出的日本优质食味米生产的各项指标，即当时日本的优质食味米标准是直链淀粉含有率 20%以下，蛋白质含有率 8.5%以下，崩解值 100R. V. U. 以上，$H/-H$在 20 以下。从本研究供试的 260 个品种与日本标准对比来看，其中，直链淀粉含有率在 20%以下者有 258 个品种，占总品种数的 99.2%；蛋白质含有率在 8.5%以下的有 49 个品种，占比 18.8%；崩解值在 100R. V. U. 以上者有 81 个品种，占比 31.2%；$H/-H$ 在 20 以下者有 85 个，占比 32.7%。从以上数据得知，蛋白质含有率达到日本优质食味米标准的品种比例在 20%以下，而其他理化特性有 30%以上品种超过日本标准，特别是直链淀粉含有率大多数达到日本标准。但是，中国品种当中多项理化特性同时优秀的品种很少，直链淀粉含有率和蛋白质含有率同时达到日本优质食味米标准的品种只有 9 个，占全部品种的比率 3.5%，崩解值和 $H/-H$ 同时达到日本优质食味米标准的有 41 个，占比 15.8%，而这 4 个特性同时超过日本优质食味米标准的品种只有 4 个，占比 1.5%。另外，如上所述的这个标准是日本 25 年前制定的。因此，本研究结果显示，供试的 260 个品种当中，只有 4 个达到了当时的日本优质食味米标准。而现在日本优质食味米标准又有进一步提高，规定直链淀粉含有率 16.0%～19.0%，蛋白质含有率 7.0%以下，崩解值 150R. V. U.、$H/-H$ 的标准与 25 年相同，如果按照现行日本优质食味米标准衡量，供试的260个品种没有一个能够达到日本品种标准。所以，今后中国水稻食味育种目标，值得瞄准或参考日本新旧优质食味米标准分步骤有计划推进。值得强调的是作为优质食味米品种，其理化特性必须是均衡一致达标才是最重要的！

### （三）理化特性的相互关系

从理化特性之间的关系来看，直链淀粉含有率分别与崩解值之间呈显著负相关，与 $H/-H$ 之间呈显著的正相关，崩解值与 $H/-H$ 之间呈显著负相关（表9.2）。直链淀粉含有率较低的品种崩解值较大，崩解值大的品种 $H/-H$ 小，这对食味来说是有利的，但是蛋白质含有率分别与直链淀粉含有率之间呈显著负相关，与崩解值之间呈显著的正相关，蛋白质含有率低的品种直链淀粉含有率高崩解值小，这对食味来说是不好的。

**表9.2 中国水稻品种理化特性之间相关系数**（崔晶，2016）

| | 蛋白质含有率 | 崩解值 | $H/-H$ |
|---|---|---|---|
| 直链淀粉含有率（AC） | $-0.387^{***}$ | $-0.444^{***}$ | $0.307^{***}$ |
| 蛋白质含有率（PC） | | $0.228^{***}$ | $-0.087$ |
| 崩解值（R. V. U.） | | | $-0.332^{***}$ |

注：***表示0.001水平差异显著（$n=260$）。

### （四）理化特性的特征和问题点

如上所述，作为中国水稻品种理化特性的特征，首先是变化幅度极其广泛，即中国品种理化特性，从超过日本优质食味米标准的高水平到日本品种里所没有的低水平，在这样一个广泛范围内变化。特别是蛋白质含有率高的品种居多，在260个供试品种当中，有108个品种的蛋白质含有率在10%以上，占全部品种的41.5%。另一方面，日本水稻食味育种是从杂交后早期世代开始，测定理化特性，并基于这些理化特性进行食味选拔。理化特性差的品系在初期世代就被淘汰了，所以，现在日本优质食味品种当中，蛋白质含有率超过 10%的品种和崩解值在 70R. V. U. 以下的品种，或者 $H/-H$ 在 50 以上的品种等并不存在。今后中国水稻食味育种，如果能从早期世代把理化特性作为指标进行淘汰劣势品系，那必将有效提高优质食味品种育成效率和效果。

作为其他特征，中国水稻品种的理化特性之间平衡性较差。即便是某项理化特性好，但其他的理化特性差，这种现象极为明显。其中，蛋白质含有率低的品种其他理化特性则较差，这种趋势也是极为明显（表 9.2）。同样的结果在其他的研究报告中也有介绍（崔晶等，1999a；崔晶等，2000；崔晶等，2001；崔晶，2001；刘建，2008；Cui 等，2016c；Cui 等，2017；Zhang，2017）。如图 9.2 所示，中国品种直链淀粉含有率和蛋白质含有率之间存在显著负相关，而与之相反，日本品种当中，直链淀粉含有率和蛋白质含有率之间虽然不显著，但存在正相关。由此可知，中国品种的理化特性中最大的问题是蛋白质含有率高。要改善蛋白质含有率和其他理化特性之间的关系。特别是解决蛋白质含有率与直链淀粉含有率之间负的遗传相关是最大的课题。

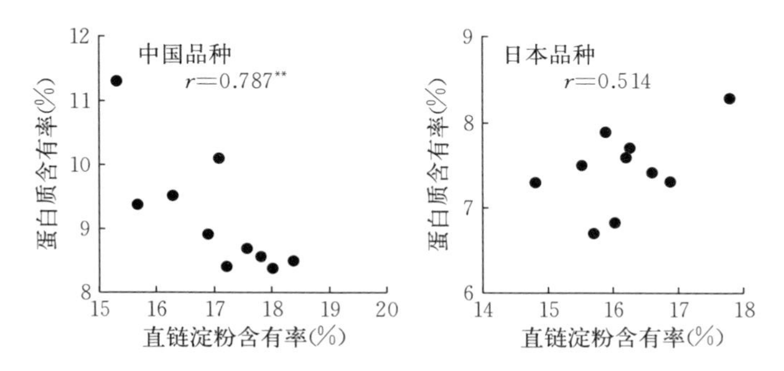


图 9.2 直链淀粉含有率和蛋白质含有率之间相关性（崔晶，2016）

注：**表示 0.01 水平相关显著。

总之，如图 9.1 的所示，260 个品种当中，蛋白质含有率在 8%以下的品种有 27 个，占 10.4%；7.5%以下的品种有 8 个，占

3.1％；7.0％以下的品种有 3 个，占 1.2％。因此，利用这些品种和其他理化特性好的品种进行杂交。根据初期世代所确定的明确指标进行连续选拔完全可能积累与食味相关的优良基因。另外，稻米的蛋白质含有率不仅是品种特性，也受氮素施肥量的强烈制约，但是，中国水稻栽培过程中氮素施用量超过日本氮素施用量的 3 倍（崔晶等，1999b）。氮素施肥量过多也是中国水稻品种蛋白质含有率高的原因之一。如第六章所述，籽粒成熟比率低、千粒重小、糙米粒厚度小，则说明米粒中淀粉积累量不足，蛋白质含有率升高。因此，也有必要从施肥方法和水分管理等栽培方面探讨如何降低蛋白质含有率。

## 二、杂交组合及高效选拔体系

遗传特性是水稻食味的决定性因素，因为影响稻米食味的理化特性，如蛋白质、直链淀粉、糊化温度等都是由遗传基因决定的，虽然栽培区域、种植水平、收获时期、干燥方法等对食味有一定影响，但品种是确保食味的前提条件。

中国由于过去没有开展水稻食味育种，更没有实施食味改良计划，所以水稻品种的当务之急是改善品质提升食味。实践证明，水稻食味育种的关键是选择理化性状优势互补的材料配制组合，在杂交早期世代开始根据理化特性和食味感官评价相结合的后代食味选拔，建立科学的食味育种高效选拔体系（图 9.3），对水稻食味育种至关重要。

为了从众多杂交后代中选拔到理化特性优异而且平衡性好的后代材料，采用快速成分流动分析仪分析直链淀粉、蛋白质，采用淀粉糊化特性分析仪（RVA）分析淀粉糊化特性，采用米饭物理特性测定仪测定硬度/黏度比以及在早期世代采用高压灭菌锅烧杯快速煮饭法（主要进行米饭光泽）评价，结合可定时式电饭锅的应用、以食味感官评价为核心的食味选拔是有效的。

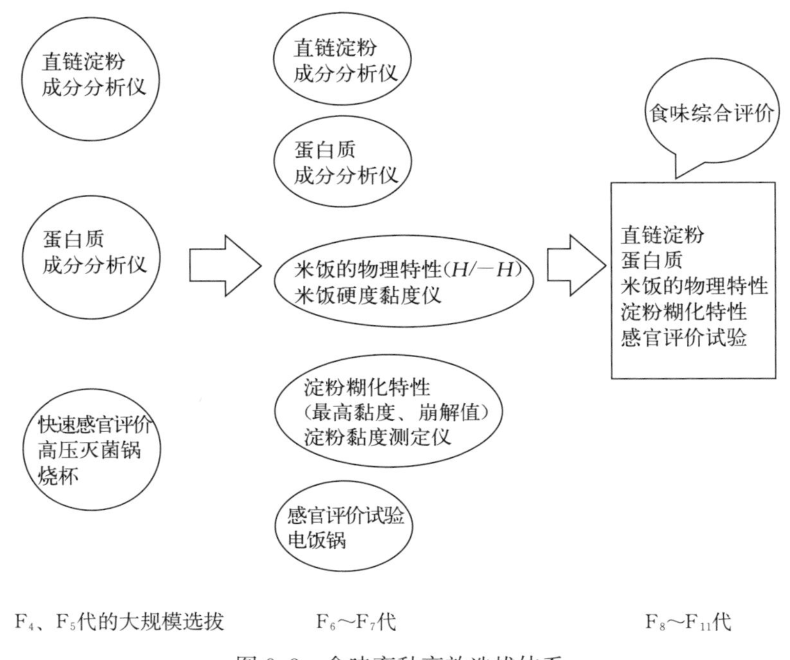


图 9.3　食味育种高效选拔体系

## 三、关于食味的品种适应性和产地适合性

为开展优质食味品种育种及其新品种推广，必须明确该品种食味在各地环境条件下的反应，要求该品种食味具有广域适应性，也就是希望在广泛地域范围内种植都能表现出优质食味特性，或者说希望食味特性能够在较大地域范围得到正常发挥的品种。另外，一般不仅不同产地食味评价平均值各异，而且生产年度和品种间差异反应也不同。人们当然希望在任何生产年度、任何品种都能够发挥优质食味特性的产地，但有的产地并不具备这种优势，所以深入了解正确把握这些特性对于规划引导优质食味米生产具有重要指导意义。

下面介绍如何定量解析基于食味的品种适应性和产地适合性问题。

### （一）基于食味的品种适应性

在选育新品种时最期待新品种固有的性状具有广泛适应性，不仅其平均值高而且要求它在各种环境条件下都能稳定发挥其品种特性。作为对某个水稻品种适应性进行解析的方法主要利用方差分析（Sprague and Federer，1951）、回归分析（Finlay and Wilkinson，1963）、回归系数及来自于回归的偏差（Eberhart and Russell，1966）、主成分分析（奥野等，1971）及聚类分析（Ghaderi 等，1980）等。其中，回归分析方法是作为环境指标比较供试全部品种的平均值，计算每个品种对于这个平均值的回归系数来表示品种对于环境的适应能力。

这里介绍利用日本福冈县开展的审定品种决定试验时的食味感官试验数据，对每个品种进行方差分析，在比较方差大小探讨其稳定性的同时，应用回归分析，解析水稻品种食味适应性。这里所说的适应性强的品种，是指该品种食味平均值高而且稳定（任何环境条件下食味值都高）。

#### 1. 品种稳定性

把生产年度作为环境变化的要因，计算每一个品种年度间的食味方差，比较品种间方差的大小，方差小（年度间食味差异小）的品种稳定性高。图 9.4 中显示了 9 个品种食味的年度平均值和方差的关系。品种间方差有所不同，越光和峰旭平均值都很高但是方差却不同，越光食味好而且年度间变化小其稳定性高，而峰旭食味虽然好但是稳定性差。

#### 2. 品种的适应性

图 9.5 为了判断各品种的适应性，根据回归分析的方法，以各年度间全部品种食味综合评价平均值为横轴，以各品种的食味综合评价值为纵轴，对于每个品种情况进行图解。这种方法就是如前所述的回归分析法，以连接各品种各生产年度的食味直线对于全部品种食味平均值倾斜直线的斜率（回归系数）的大小，表示该品种的稳定程度。回归系数小于 1 的说明其稳定性高，大于 1 的说明其稳定性差。

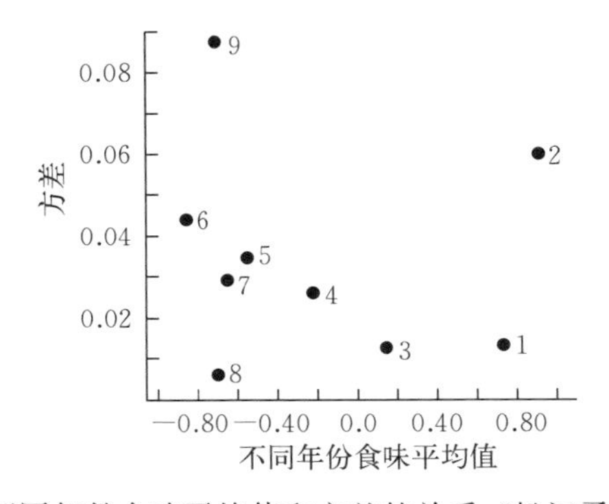


图 9.4　不同年份食味平均值和方差的关系（松江勇次，2014）

1. 越光　2. 峰旭　3. 黄金晴　4. 碧风　5. 筑紫誉　6. 西誉　7. 灵峰　8. 南锦　9. 筑后锦

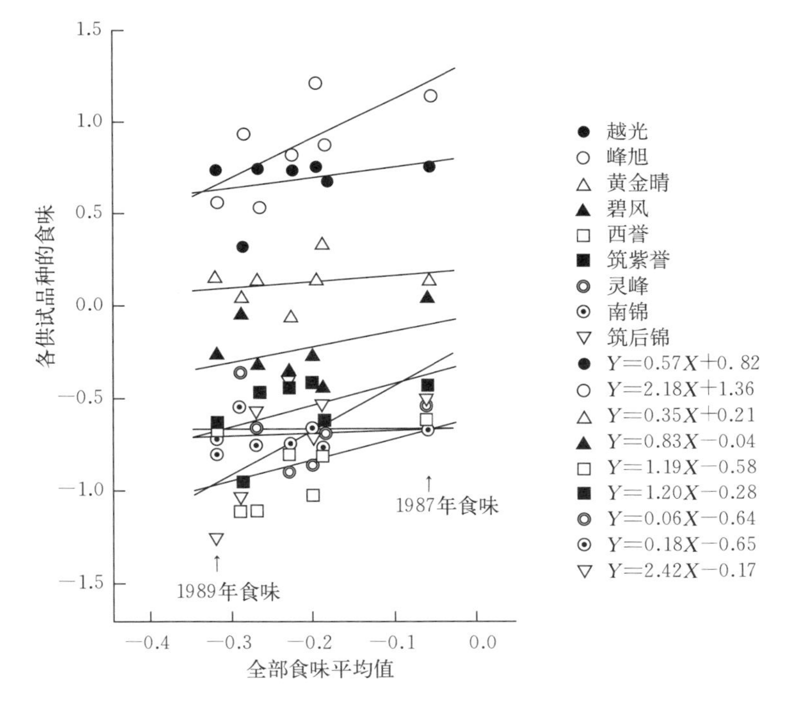


图 9.5　各供试品种的食味和全部品种食味平均值的关系（松江勇次，2014）（1983—1989 年）

横轴食味平均值－0.06 是 1987 年全部品种的平均值，这一年的食味平均最好，－0.32 是 1989 年的平均值，这一年的食味最差，可以认为对于食味来说 1987 年是个好年头，而 1989 年是个差年头。峰旭和越光数据表示位于纵轴上方说明它们比其他品种好，但是比较两品种可以发现，越光 1983 年（平均值－0.29）食味例外地下降而别的年份基本一直稳定。另外，峰旭在好年头食味值高一些，而在差年头食味则很低差，这说明峰旭食味稳定性低。从各品种对于全部品种食味平均值回归系数看，因品种不同回归系数各异，筑后锦（Chikugonishiki）、峰旭最高，因生产年度（环境条件）不同，食味有很大不同。其次，西誉、筑紫誉（Tsukusihomare）也表现出高值。但是，灵峰（Reihou）、南锦最低，其次是越光、黄金晴也低，说明这些品种因生产年度（环境条件）造成的食味变动较小。

如果概括一下品种食味和食味稳定性，可以进行如下分类：越光是优质食味稳定型，无论何种环境也无论哪个生产年度，一般食味总是保持高值说明该品种食味适应性较强；峰旭是优质食味不稳定型，因条件不同有时可以发挥较高食味特性，而条件不好年份食味则明显下降；黄金晴、碧风是食味中等程度稳定型；南锦、灵峰是食味不好稳定型，无论是什么样的环境，食味总是较差；西誉、筑紫誉是食味不良中等程度稳定型；筑后锦是食味不良不稳定型。

因品种不同其食味对于环境适应性也不一样，主要原因之一是如第三章所述，具有食味稳定适应性的品种其稻米食味关联成分对于环境变化表现出稳定而且变动很小。

不同稻米品种食味对于环境适应性不同，其食味有很大差异，既有像越光那样食味好而且稳定的品种，也有像峰旭那样虽然食味好但因环境不同而有较大变化的品种。因此，在优质食味品种选育和推广时充分掌握各品种在不同环境下的食味特征十分必要。目前，优质食味品种越光在日本从北到南被大范围种植，种植面积占水稻面积的36%以上。我们也希望，中国今后也能有像日本越光这样的优质食味品种问世！

### （二）基于食味的产地适合性

水稻食味存在产地间差异，而品种和生产年度差异带来的产地间食味稳定性不同的研究未见报道。研究产地的适合性问题与研究品种适应性时的方法相同，要计算各个产地方差比较其方差大小研究其稳定性，同时进行回归分析，通过产地对于生产年度、品种的反应来判断产地适合性（eligibility）。

在这里作为解析对象的1988—1990年3年间福冈县水稻品种审定试验调查的农产研究所（筑紫野市）、农产研究所丰前分场（行桥市）、农产研究所筑后分场（三潴郡大木町），以及当地试验场所的中山间地带的B市、一般平原地的A町、K町、Ku市、Y町平原肥沃地的O市以及海岸地的M町共计10个产地。每个产地重复试验3年，计算供试5个品种的食味值的方差，方差小的产地视为稳定，进而比较产地间的稳定性差异。

#### 1. 产地间稳定性

图9.6所示为10个产地品种食味的年度间平均值与方差的关系。平均值最高的丰前分场0.48，最低的K町－0.20，方差值最高的K町0.556，最低的Ku市0.091，产地间方差大小差别在5倍以上。从图9.6可以发现，既有K町及Y町那样方差大、比别的产地稳定性低的产地，也有农产研究所、B市、M市和Ku市那样的稳定性比较高的产地。

#### 2. 产地的适合性

为了解产地适合性，如图9.7所示列举了全部产地食味平均值与各个产地食味值的关系。横轴食味的平均值0.66是1989年日之光品种全部产地平均值，有这样条件时食味平均最好，－0.38是碧风品种全产地平均值，表示这种条件下的食味最差。回归直线的斜率（回归系数），因产地而有很大不同，M町、Ku市回归系数最低，说明在这些产地因品种和生产年度差异导致食味变动小。K

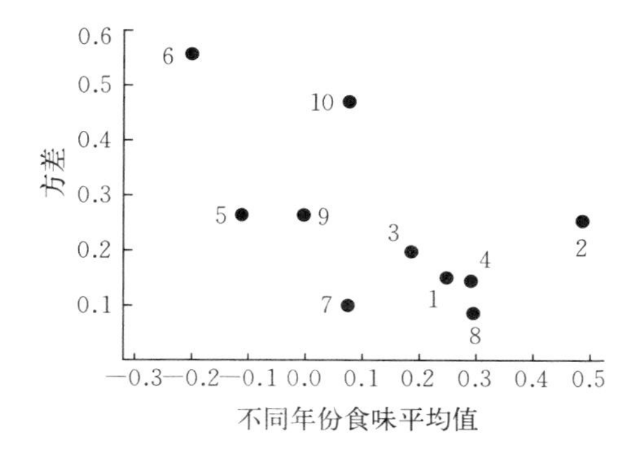


图 9.6　供试品种不同年份不同产地的食味与方差的关系（松江勇次，2014）
1. 农产研究所　2. 丰前分场　3. 筑后分场　4. B 市　5. O 市　6. K 町　7. M 町　8. Ku 市　9. A 町　10. Y 町

町和 Y 町回归系数大，说明在这些产地因品种和生产年度导致食味变化大。其次是各产地食味平均值与回归系数的关系，如图 9.8 所示。从不同产地来看，Ku 市的食味平均值 0.29 稍高，回归系数 0.50 最小。丰前分场食味平均值 0.48 最高，回归系数 1.03 达到平均值。农产研究所和 B 市食味平均值分别是 0.25 和 0.29 稍高，回归系数为 0.86 和 0.81 比较小。M 町的食味平均值 0.08 居中等水平，回归系数 0.51 较小。O 市和 A 町食味平均值各为−0.11 和 0 居中间值，回归系数分别是 1.12 和 1.10 稍大，K 町食味平均值是−0.20 稍低，回归系数 1.58 在检测的产地中最大，说明因品种和产地差异导致的食味变动大。这些产地的回归系数如图 9.8 所示，其方差的大小趋势基本一致。

根据图 9.7 和图 9.8，如果概括各产地的食味及食味的稳定性可以进行如下的分类：Ku 市食味比较好，其食味特性无论任何生产年度还是品种都能得到发挥，稳定性最高。丰前分场食味好，达到平均稳定性的水平。农产研究所和 B 市食味比较好，具有稳定性。M 町食味中等，稳定性高。O 市和 A 町食味中等，稳定性稍低。K 町食味略差，稳定性低。

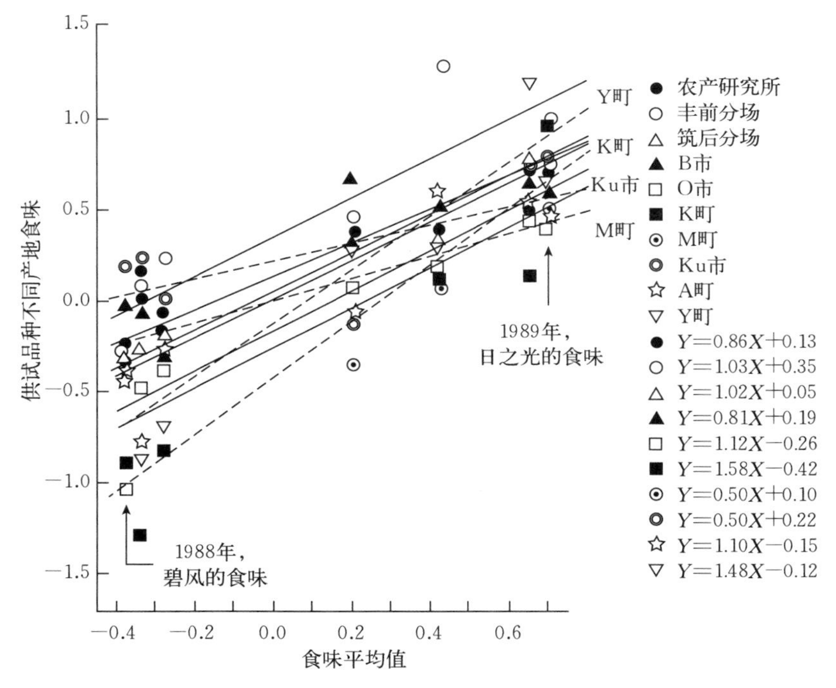

图 9.7 不同产地的食味和平均值的关系（松江勇次，2014）

由上可知，产地不同其食味的适合性各异。食味的稳定性因产地而不同的原因虽然尚不清楚，但从审定品种决定试验调查来看，为提高产米的声誉，还是希望选择食味稳定性高的产地。对于K町这样食味适合性较低的地域，解析其原因并设法改善其食味对今后优质食味品种推广及优质食味米生产是非常必要的。因此，概括上述试验结果，对食味适合性低的产地的原因进行解析，进而更加简单地确立食味改善的技术性指标。

通过以上解析手段，可以对有关食味的品种适应性和产地适合性进行定量把握，进而对优质食味品种选育和优质食味品种的推广给予理论支撑。

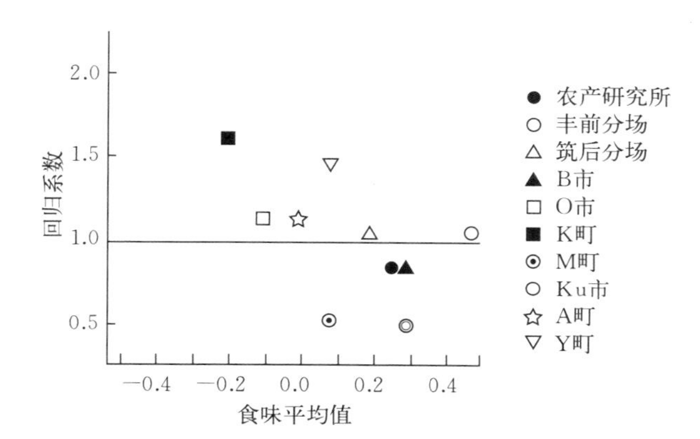


图 9.8　各产地食味平均值和回归系数的关系（松江勇次，2014）

# 第十章 优质食味米研究与生产发展展望

人们对美好生活的追求和消费结构的变化已经进入了由吃饱到吃好的新时代，最显著的标志就是广大消费者对优质食味米的渴望和需求。大力推进水稻食味研究，用水稻食味理论和研究成果指导水稻生产，促进水稻产业更好更快发展的重任，责无旁贷地落到当代水稻研究者和实际工作者身上。中国水稻食味研究起步较晚，科研成果对水稻产业的各个环节包括食味育种、食味栽培及食味加工储藏等指导作用还不明显。要由过去单纯注重产量转变为产量和品质并重，由过去对水稻食味理论不熟悉转变为自觉运用水稻食味理论和研究成果指导水稻生产。加强水稻食味研究和推进优质食味水稻生产，就是给中国水稻产业发展插上高科技翅膀，保证中国水稻产业可持续发展，从而推进中国水稻产业发展进入更加注重品质·食味的新时代。

## 一、培育水稻产业发展动力，树立产量品质并重理念

近年来，中国水稻的有效供给出现了新变化，由于政策引导和技术进步，水稻产区连年丰产供需矛盾得到解决，加之消费结构变化副食种类增加主食消费减少，出现了稻米生产过剩贮备压力增大的新问题。现在稻农只管种不管卖，商家只管卖不懂产，消费者期望吃上好米却求购无门，农户增产不增收的现象时有发生。事实证明消费者解决了吃饱问题以后，对主食米饭需求数量呈下降态势，对优质米饭的需求度显著上升。所以发展优质稻米生产，满足消费者吃好米的需求是破解水稻产业发展难题的不二选择。那么，如何

认识优质稻米和发展优质稻米的作用在哪里？笔者认为作为优质水稻：安全是前提，食味是关键。对于消费者来说，只有安全好吃的米饭才是人们所需要的，否则尽管贴上再多的标签，消费者也不会买账。在高度重视环境保护和生态建设的今天，农业生产本身必须自觉承担起维护生态安全的重任。发展优质食味米是紧扣时代需要，也是承担历史责任，是保证中国水稻产业可持续发展的明智之举和最佳选择。我们要牢固树立发展优质食味米的新理念，以改善品质为重点，以提升食味为目标，以实现稳产为保证，科学设计生产、管理和保护方法，减少农药化肥投入减少环境压力，解决高产出高投入高负荷的弊端，在确保一定产量的前提下，大力发展安全优质食味稻米满足消费者需求，为中国水稻更好更快发展提供新动能。

## 二、加快研究基础条件建设，助推食味研究快速发展

目前，水稻食味理念正在被逐步认可和广泛传播，食味基础研究和技术开发以及学术交流越来越受到重视。在中国学术界和实际生产中，水稻基础和应用研究方向和重点，包括水稻生产、流通和消费各个环节，注重好米、推崇好吃已经成为一种发展态势。但是，必须看到水稻食味基础和技术的深入研究尤其是对水稻产业发展的指导作用还十分有限。如本书叙述的水稻食味机理复杂，影响因素繁多，深入研究并取得更大成果并不容易。在水稻食味研究中必须瞄准稻米理化成分变化，必须开展科学的食味感官评价，二者有机结合才能使食味研究得到科学合理的推进。与产量研究不同，食味研究要求更加精细的条件。第一，必须具备可用于对少量样品进行准确、快速分析的精密仪器，如稻米成分分析的快速成分流动分析仪、淀粉糊化特性分析仪、米饭黏度硬度测定仪以及米粒品质评定仪、白度鲜度测定仪等，并要建立科学完备的水稻品质·食味实验室；第二，水稻食味是指人的五官对米饭特性的评价，任何仪器设备都不能代替人的五官功能，任何一项水稻食味研究，都必须拿出科学的食味感官评价科学数据说明食味的优劣，本书介绍的食

味评价技术和方法具有科学性，建议阅读借鉴并在实际中加以运用，并尽快建立高标准的食味感官评价室开展鉴定评价试验；第三，高标准精密试验田建设和试验材料低温保存设施是食味研究所必需的。水稻品质·食味研究要求的条件较高，田间试验设施和材料保存设施建设是确保获得科学数据的基本条件。

## 三、积极培养青年创新人才，加快进行食味智力储备

水稻食味研究在中国国内还是一门新的学问和新的研究方向，要开展食味研究提升稻米品质，人才培养至关重要。目前在中国大学教科书和资料文献中还缺乏对食味理论和技术的准确介绍，更缺乏全面、系统和科学的阐述，在理论研究和实际生产中深入了解水稻食味机理的人还少之又少。所以，必须通过各种有效途径加强水稻食味研究青年人才的教育和培养，通过国际学术交流、科技合作研究以及大学课堂培养系统了解水稻食味知识，培养致力于开展水稻食味研究的青年研究骨干，使他们有志向、有知识投身于这一富有重要意义的水稻研究中来。在注重技术人才培养的同时，还要鼓励和支持开展优质食味米产业发展及其物流和市场发展动向的深入研究，在水稻品质改善、食味提升和产业市场发展研究方面多出成果、多出人才，为加快推进食味研究和食味水稻产业发展提供智力保障和人才储备。

## 四、大力开展科技创新活动，开发品质·食味实用技术

水稻食味研究在国际水稻研究中是一门重要科学，既涉及品种也涉及栽培，既涉及产中也涉及产后，既涉及自然环境也涉及栽培环境，既有宏观也有微观等。其独具特色的理论体系、知识架构、方式方法已经日渐成熟和完善。以此为指导解决中国稻米品质·食味问题意义重大。应该加大食味基础研究和应用研究的力度，不断开发品质·食味实用技术，为水稻深入研究奠定基础。稻米外观品

质和食味，分别对应的是商品品质和食用品质。我们所说的所谓稻米食味，是对稻米食用品质的科学表述，指人通过五官对米饭的评价，主要从米饭的外观、气味、味觉、黏性和硬度（弹性）5个方面进行评价，同时人对上述指标的综合评价值代表食味值，基于理化分析和感官评价两方面对水稻食味进行研究。研究首先要对本地品种资源和对不同条件下的稻米食味进行解析，找出不足和存在的问题；在此基础上积极开展基于理化分析和感官评价的水稻食味育种，解决品种食味问题是提升水稻品质的关键，因为水稻食味的优劣主要是品种决定的，水稻食味育种成败的关键是进行杂交早期世代开始的高效食味选拔，并随着后代的分离紧盯食味目标不放松直至选拔到纯系为止。影响水稻食味的第二和第三大因素是生产技术及环境条件，要结合品种和当地自然栽培条件开展优质食味品种配套栽培技术研发，为良种良法配套提供科技支撑。在水稻理化特性研究，特别是食味感官评价相对客观的基础上，才能进入分子、基因、酶和生理生化、微细构造和形态学方面的研究解析，否则研究结果将偏离原有方向。

## 五、构建生产科研销售体系，促进优质食味水稻发展

优质食味米生产主要受品种特性、生产技术和产地光温条件等三大因素制约，水稻食味具有品种适应性和产地适合性。试验和研究表明，产地的光温条件对食味影响较大，水稻抽穗至成熟期间的昼夜平均温度最适在22～26℃，低于或高于这个温度都不利于适宜食味要素的形成甚至严重降低食味。收割时期过晚、稻谷储藏期间温度过高和空气湿度过低都会导致稻米水分散失到标准含水率之下食味严重下降。优质食味米是科学研发培育的结果，理论上来讲，只要土壤、水质没有污染和残留，任何一个水稻产区都有产出优质食味米的可能性，只是需要选种适合当地自然环境条件特点的优质食味品种和适合这一品种的优质食味米生产技术。优质食味米生产是一个系统工程，生产过程中只要遵循本书提供的优质食味米

生产技术体系，把握优质食味米生产“五个原则”，无论哪个生产稻区，无论哪种栽培方式都有可能产出优质食味米。通过走一条“产—学（研）—加—销”紧密联合和成果转化之路，坚持不懈地探索就能不断研发出好的技术，生产出好米并推向市场，就能够实现消费者吃好稻农致富的梦想，如图 10.1 所示。

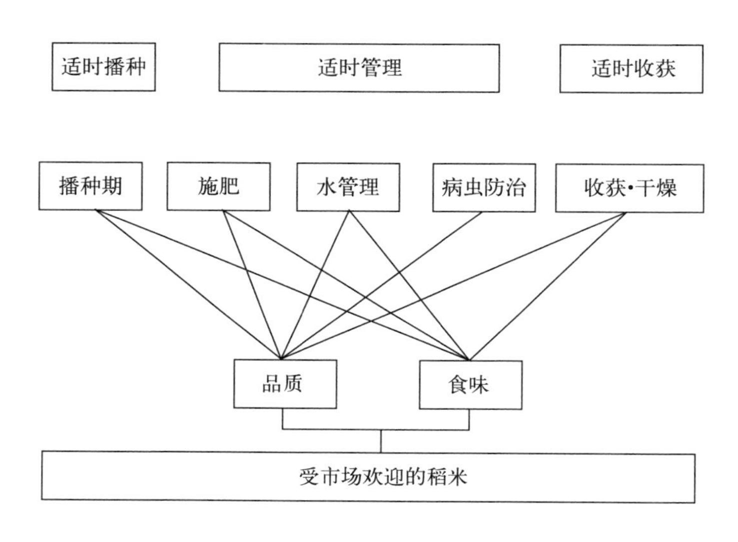


图 10.1　优质食味米生产流程（崔晶　提供）

# 参 考 文 献

北海道立上川農業試験場，1996. 良食味米生産を目的とした密植と施肥による窒素制御技術．北海道農業試験会議資料：1－42.

貝沼やす子，2003. 米飯の食味に関する研究．日本調理学会誌，36：88－94.

本庄一雄，1971. 米のタンパク質含量に関する研究．第1報 タンパク質含有率の品種間差異ならびにタンパク質含有率に及ぼす気象環境の影響．日本作物学会紀事，40：183－189.

辺嘉賓，2010. 中国産水稲品種の有機栽培に関する研究．愛媛县：愛媛大学連合研究生院：1－201.

長戸一雄，等，1972. 米粒の蛋白質含量に関する研究．日本作物学会紀事，41：472－479.

崔晶，等，1999a. 中国および日本産水稲品種の食味に関する研究―同一栽培条件下での比較．日本作物学会四国支部会報，36：1－13.

崔晶，等，1999b. 中国および日本産水稲品種の食味に関する研究―香川県と中国天津産米の比較―. 日本作物学会四国支部会報，36：14－27.

崔晶，等，2000. 中国天津産水稲の食味に関する研究―品種間差異―. 日本作物学会紀事，69：314－319.

崔晶，2001. 水稲の収量と食味における品種間差の発現機構に関する研究．愛媛县：愛媛大学連合研究生院：1－201.

崔晶，等，2001. 中国および日本産水稲品種の食味に関する研究-タンパク質含有率の品種間差に関わる諸要因―. 日本作物学会四国支部会報，38：1－15.

崔晶，等，2011. 中国産水稲ジャポニカ型品種の日中両国間におけるパネル構成員が異なる場合での食味評価．日本作物学会紀事，80：84－89.

崔中秋，2016. 節水栽培における水稲の収量と米の品質?食味に関する研究．愛媛县：愛媛大学連合研究生院：1－128.

大里久美，2001. 水稲の良食味品種育成に関する研究．福岡県農業総合試験場特別報告．

大里久美，等，1996. 品種と環境要因の交互作用からみた米の食味評価．日本作物学会紀事，65：585－589.
大渕光一，1990. 食味要素とその変動要因-タンパク質．農業技術体系 作物篇 2 イネ基本技術②. 農山漁村文化協会，東京：671－675.
大友考憲，等，1992. 水稲の登熟気温が米の窒素，アミロース含有率および食味に与える影響．日本作物学会九州支部報告，59：38－40.
丹野久，2010. 寒地のうるち米における精米蛋白質含有率とアミロース含有率の年次間と地域間の差異およびその発生要因．日本作物学会紀事，79：16－25.
稲津脩，1979. 北海道産米の品質改善に関する研究．澱粉科学，26：191－197.
稲津脩，1988. 北海道産米の食味向上による品質改善に関する研究．北海道立農試報告，66：1－89.
高橋眞二，1992. 窒素肥料の追肥時期が水稲の生育と食味におよぼす影響．日本作物学会中国支部研究収録，33：20－21.
高松地方気象台，2017. 香川の気象：1－34.
宮森康雄，等，1993. 水稲有機栽培における生育と収量と品質の実態—北海道における事例解析—. 日本土壌肥料学会要旨集，39 Part Ⅰ：104.
谷口健雄，1995. 食味総合評価法の確立と貯蔵特性の解明 2）貯蔵特性の究明．佐々木多喜雄編集：優良米の早期開発試験プロジェクトチーム第Ⅱ期（昭和 62 年～平成 5 年度）高度良食味米品種の開発試験研究成果．北海道立農業試験場資料，24：61－69.
鍋島学，沼田益朗，1994. 播種期を異にする直播水稲の食味．富山県農業技術センター報告，14：9－17.
川村周三，2018. 米の収穫後技術による品質食味の向上//松江勇次：米の外観品質と食味—最新研究と改善技術—. 養賢堂，東京：393－417.
赫兵，2017. 水稲における種子の出芽性と乾田直播栽培に関する研究．愛媛县：愛媛大学連合研究生院：1－160.
戸倉一泰，等，1992. 水稲移植期の早晩と米の理化学的特性及び食味の関係．日本作物学会紀事，61（別 1）：180－181.
吉永悟志，等，1994. 暖地水稲における米飯の成分と粘り評価に及ぼす登熟気温の影響．日本作物学会紀事，63（別 1）：108－109.
角重和浩，等，1993. 水稲品種ヒノヒカリの窒素吸収パターンの解析．第 3 報 窒素吸収量の違いが玄米中の窒素濃度及び食味に与える影響．九州農試研究報告，55：49.
今林惣一郎，1999. 福岡県における良食味水稲品種の育成及び育成品種の適応性に関する研究. 福岡県農業総合試験場特別報告，14：1－66.
近藤始彦，2007. 米の品質，食味向上のための窒素管理技術 [1] —水稲の高温登熟障害軽減のための栽培技術開発の現状と課題—. 農業および園芸，82：31－34.
近藤始彦，等，1994. 食味関連成分の変動要因. 第1報 気象条件の影響. 東北農業研究，47：53－54.
津野幸人，1973. イネの科学—多収技術の見方考え方—. 農山漁村文化協会，東京：1－122.
井上恵子，等，1991. 水稲に対する菜種油粕の施用法. 福岡県農号総合研究所報告，A11：9－14.
九州農業試験場，1973. 米の品質と食味改善に関する試験成績. 九州地域連絡試験成績：1－119.
堀野俊郎，等，1993. 水稲登熟期における窒素及びミネラルの米粒への蓄積. 日本作物学会中国支部研究収録，34：54.
笠原正行，等，1989. 籾の乾燥条件が米の食味に及ぼす影響. 富山県農業技術研究センター，5：15－21.
林政衛，等，1967. 千葉県に於ける早期栽培米の品質に関する研究. 千葉県農試研究報告，7：84－105.
劉建，2008. 日中品種間交雑による良食味水稲品種の育成に関する研究. 愛媛县：愛媛大学連合研究生院：1－170.
柳原哲司，2002. 北海道米の食味向上と用途別品質の高度化に関する研究. 北海道立農業試験場報告，101：1－93.
柳原哲司，2006. 泥炭地水田産米の食味の特徴と客土による改善. 土壌の物理性，103：95－103.
楠谷彰人，等，1992. 暖地における早期栽培水稲キヌヒカリの収量および食味. 日本作物学会紀事，61：603－609.
内村要介，等，2000. 水稲湛水直播栽培におけるケイ酸施用が倒伏，収量，食味および精米の理化学的特性に及ぼす影響. 日本作物学会紀事，69：487－492.
農林水産省農林水産技術会議事務局，1974. 米の食味改善に関する研究. 研究成果，77.
齋藤邦行，等，2002. 有機栽培を行った米飯の食味と理化学的特性. 日本作物学会紀事，71：169－173.

浅野紘臣，等，1998. アイガモ栽培による米の食味とPlacebo 効果．日本作物学会紀事，67：174－177.

前重道雅，1981. 米の食味関与要因の変動に関する研究．第2報 玄米タンパク質含量の生産地間差異．広島県農試報告，44：29－38.

山川博幹，羽方誠，2011. 米の外観品質と食味研究の最前線［8］-登熟期の高温が種子遺伝子発現および登熟代謝に及ぼす影響—. 農業および園芸：562－569.

上田一好，等，1998. 香川県における水稲品種キヌヒカリの移植時期に関する研究—収量および食味と気象要因との関係—. 日本作物学会紀事，67：289－296.

松波寿典，等，2016. 美味しい米作りのための栽培学的アプローチ. 日本作物学会紀事，85：231－240.

松江勇次，1993. 水稲の食味に及ぼす環境条件の影響及び良食味の奨励品種選定に関する研究．福岡県農業総合試験場特別報告，6：1－73.

松江勇次，2014. 作物生産からみた米の食味学．養賢堂，東京：1－141.

松江勇次，2016. 稲作栽培技術の革新方向—稲作ビッグデータ解析による増収と品質向上対策技術．南石晃明，長命洋佑，松江勇次編著：TPP 時代の稲作経営革新とスマート農業—営農技術パッケージとICT 活用—. 養賢堂，東京：119－128.

松江勇次，2018. 高温登熟条件下における増収，品質向上対策—登熟期間中の水管理と玄米仕上げ水分および玄米形状の視点から—. 松江勇次編著：米の外観品質と食味—最新研究と改善技術—. 養賢堂，東京：383－392.

松江勇次，等，1991. 北部九州産米の食味に関する研究．第1報 移植時期と倒伏の時期が米の食味および理化学的特性に及ぼす影響．日本作物学会紀事，60：490－496.

松江勇次，等，2003. 登熟期間中の気温と米の食味および理化学的特性との関係．日本作物学会紀事，72（別1）：272－273.

松田智明，等，1989. 炊飯に伴う米の微細構造の変化．Ⅱ. 白色不透明部をもつ粳米の場合．日本作物学会紀事，58（別1）：214－215.

藤澤麻由子，等，1995. 登熟温度の違いによる米の品質と食味成分の変動．東北農業研究，48：25－26.

王桂云，等，1998. 慣行および有機栽培法で栽培した水稲白米の全窒素とアミロース含量およびアミノ酸含量と組成．日本作物学会紀事，67：307－311.

尾形武文，1997. 湛水直播用水稲品種の形質評価に関する研究．福岡県農業総合試験場特別報告，11：1－66.

五十嵐俊成，2010. 北海道米の澱粉分子構造に及ぼす登熟温度の影響と新食味評価法に関する研究．北海道立農業試験場報告，127：1－63.

武田和義，佐々木忠雄，1988. 北海道のイネ品種におけるアミロース含有率の温度反応．育種学雑誌，38：357－362.

西村実，1993. 北海道水稲品種における障害型冷害による食味特性の低下．日本作物学会紀事，62：242－247.

西村実，等，1985. 北海道の最近の品種および系統の食味特性の評価—低温年及び高温年産米における理化学的特性と官能試験結果の対応．北海道農試研究報告，144：77－89.

相原茂夫，1986. 米の乾燥と貯蔵．農業機械学会農産研究懇談資料，2：4－5.

須藤健一，等，1991. 作期と施肥法が米の食味関連成分に与える影響．日本作物学会紀事，60（別 2）：197－198.

徐錫元，茶村修吾，1979. 玄米蛋白質含有率の品種間差の発現．日本作物学会紀事，44：34－38.

岩渕哲也，等，2001. 京築地域における水稲良食味品種の食味からみた目標タンパク質含有率．日本作物学会九州支部報告，67：4－5.

伊藤敏一，川口蓮，1975. 水稲の品質，食味の向上に関する研究．第 1 報 水稲の品質食味に及ぼす作期の影響について．三重県農業技術センター研究報告，5：1－10.

玉置雅彦，等，1995. 水稲有機農法実施年数と米のアミログラム特性値およびミネラル含量との関係．日本作物学会紀事，64：677－681.

澤田富雄，等，1993. 兵庫県産米における食味関連成分の年次間及び地域間差異．近畿中国農試研究報告，86：8－12.

中村承禎，等，1996. 香川県における酒米品種の栽培および育種に関する基礎研究 第 3 報 収量と品質に及ぼす施肥量の影響．日本作物学会四国支部会報，33：1－10.

中鉢富夫，等，1991. 米の食味関連成分の年次変動．東北農業研究，47：37－38.

塚本心一郎，等，1995. 施肥 N 量の違いが白米中の窒素含有率とデンプン蓄積量に及ぼす影響．日本作物学会関東支部報告，10：51－52.

竹生新治郎，1987. 米の食味．財団法人全国米穀協会，東京：1－79.

Zhang Xin，2017. Study on the palatability of Chinese *Japonica*－*type* rice varieties. 愛媛县：愛媛大学連合研究生院：1－118.

Cui Jing，et al. 2016a. Correlation between evaluation of palatability by sensory test and physicochemical properties in Chinese *Japonica*－*type* rice. Journal of the Faculty of Agriculture，Kyushu University，61：53－58.

Cui Jing，et al. 2016b. Physicochemical properties related to palatability of Chinese *Japonica* － *type* rice. Journal of the Faculty of Agriculture，Kyushu University，61：59－63.

Cui Jing，et al. 2016c. Comparison of physicochemical properties of Chinese and Japanese *Japonica*－*type* rice varieties. Journal of the Faculty of Agriculture，Kyushu University，61：281－285.

Cui Jing，et al. 2017. Effect of nitrogen application on physicochemical properties，taste value and yield of Chinese *Japonica*－*type* rice varieties. Journal of the Faculty of Agriculture，Kyushu University，62：57－61.

Umemoto T，Terashima k，2002. Activity of granule—bound starch synthase is an important determinant of amylose conduct in rice endosperm. Functional Plant Biology，29：1121－1124.

Yamakawa H，et al，2007. Comprehensive expression profiling of rice grain filling related genes under high temperature using DNA microarray. Plant physiology，144：258－277.

**图书在版编目（CIP）数据**

优质食味米生产理论与技术 / 崔晶，（日）松江勇次，（日）楠谷彰人著．—北京：中国农业出版社，2019.5（2020.11 重印）
ISBN 978-7-109-24708-6

Ⅰ.①优… Ⅱ.①崔… ②松… ③楠… Ⅲ.①水稻-品种-研究 Ⅳ.①S511.037

中国版本图书馆 CIP 数据核字（2018）第 231025 号

中国农业出版社出版
（北京市朝阳区麦子店街 18 号楼）
（邮政编码 100125）
责任编辑 郭银巧 李 蕊

---

中农印务有限公司印刷 新华书店北京发行所发行
2019 年 5 月第 1 版 2020 年 11 月北京第 2 次印刷

---

开本：880mm×1230mm 1/32 印张：6
字数：160 千字
定价：49.80 元